高等职业院校机电类专业"十三五"系列规划教材

AutoCAD 2016 项目式教程

AutoCAD2016 XIANGMUSHI JIAOCHENG

主　编　孟　灵　刘振明

副主编　沈　峰　赵　丽

合肥工业大学出版社

内容简介

本书根据"以项目为导向、以任务为驱动"的项目化教学思路编写，系统全面地讲解了 AutoCAD2016 的基本功能及其在机械绘图中的具体应用。全书共分八个项目，每个项目都有 2～3 个实例，以实例为载体重点培养学生的 AutoCAD 绘图技能，提高学生解决实际问题的能力。项目一至项目七是二维图绘制篇，主要介绍 AutoCAD 2016 的基本知识与界面。项目八为三维建模篇，介绍创建机械零部件实体模型的方法。每章最后还提供了"思考练习"。

本书可以作为大中专院校相关专业以及 CAD 培训机构的教材，也可以作为初学者和技术人员的参考书。

图书在版编目(CIP)数据

AutoCAD2016 项目式教程/孟灵主编 . —合肥:合肥工业大学出版社,2017.8
ISBN 978 - 7 - 5650 - 3389 - 6

Ⅰ.①A… Ⅱ.①孟… Ⅲ.①AutoCAD 软件—高等职业教育—教材 Ⅳ.①TP391.72

中国版本图书馆 CIP 数据核字(2017)第 147502 号

AutoCAD2016 项目式教程

主　编　孟　灵　刘振明	责任编辑　马成勋

出　版	合肥工业大学出版社	版　次	2017 年 8 月第 1 版
地　址	合肥市屯溪路 193 号	印　次	2017 年 8 月第 1 次印刷
邮　编	230009	开　本	787 毫米×1092 毫米　1/16
电　话	理工教材编辑部:0551 - 62903204	印　张	20.25
	市 场 营 销 部:0551 - 62903198	字　数	478 千字
网　址	www.hfutpress.com.cn	印　刷	合肥星光印务有限责任公司
E-mail	hfutpress@163.com	发　行	全国新华书店

ISBN 978 - 7 - 5650 - 3389 - 6　　　　　　定价:41.00 元

如果有影响阅读的印装质量问题,请与出版社市场营销部联系调换。

前　言

AutoCAD 是由美国 Autodesk 公司推出的集二维绘图、三维设计、参数化设计、协同设计及通用数据库管理和互联网通信功能为一体的计算机辅助绘图软件包。AutoCAD 是世界上内开发最早，用户群最庞大的 CAD 软件。经过多年的发展，其功能不断完善，现已覆盖机械、建筑、服装、电子、气象、地理等多个学科，在全球建立了庞大的用户群。AutoCAD 自 1982 年推出，从初期的 1.0 版本，经多次更新和性能完善，现已发展到 AutoCAD2016。同时，AutoCAD 也是最具有开放性的工程设计开发平台，以其开放性的平台和简单易行的操作方法，被工程设计人员所认可，成为工程界公认的规范和标准。

本书有如下特色：

（1）案例、实践丰富，读者通过大量实践能够快速学会 AutoCAD2016 的基本操作。

本书中引用的实例都来自机械设计工程实践，结构典型，由简单到复杂。这些实例经过作者精心提炼和改编，不仅保证了读者能够学好知识点，更重要的是能够帮助读者掌握实际的操作技能。

（2）案例典型，同时理论联系实际，能够高效学习融会贯通。

本书结合具体的案例来讲解最新版本 AutoCAD2016 的绘图基础知识、二维工程设计、三维工程设计等知识。通过典型的工程实例演练，能够帮助读者找到学习 AutoCAD2016 的方法。

（3）经验、技巧多，注重图书的实用性，让学习少走弯路。

本书是作者总结多年的设计经验以及教学的心得体会，精心编著，力求全面细致地展现 AutoCAD2016 在机械领域的功能和使用方法。在讲解的过程中，严格遵守机械设计规范和国家标准。可以培养读者严格细致的工程素养，传播规范的机械设计理论与应用知识。

（4）精选综合实例、大型案例，为成为机械设计工程师打下坚实基础。

本书结合典型的机械实例详细讲解 AutoCAD2016 机械设计知识要点，让读者在学习案例的过程中潜移默化地掌握 AutoCAD2016 软件操作技巧，同时培养了工程设计实践能力。

本书由襄阳职业技术学院孟灵、湖北生态工程职业技术学院刘振明任主编，襄阳职业技术学院沈锋和赵丽任副主编。其中孟灵编写项目一、项目二、项目三，沈锋编写项目四、项目五，赵丽编写项目六、项目七，刘振明编写项目八。全书由孟灵统稿。

在本书的编写过程中，参考了有相作者的教材和文献，在此表示衷心的感谢。

同时，还要感谢出版社的所有编审人员为本书的出版所付出的辛勤劳动。本书的成功出版是集体努力的结果，谢谢所有给予支持和帮助的人们。

由于编者水平有限，虽经再三审阅，但仍有不足和错误，恳请专家和读者朋友批评指正。

编　者

2017. 8

目　录

项目一　平面图形绘制

任务1　盖板轮廓平面图绘制

1.1　任务要求

要求运用 AutoCAD2016 绘制如图 1-1 所示盖板轮廓平面图,按照标注尺寸 1:1,绘制,并标注尺寸。

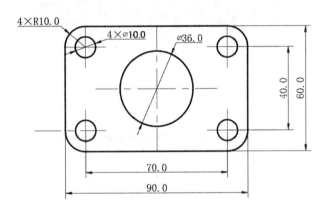

图 1-1　盖板轮廓平面图

1.2　知识目标和能力目标

1.2.1　知识目标

1. 掌握图层的设置方法及操作步骤;
2. 掌握直线、圆等绘图工具的运用;
3. 掌握镜像、修剪、倒圆角、缩放等修改工具的运用;
4. 掌握尺寸标注样式的设置方法及尺寸标注;
5. 掌握端点、中点、圆心等对象捕捉命令的运用;
6. 掌握平面图形的绘制方法和思路。

1.2.2 能力目标

能够综合运用所学并按照要求完成简单平面图形的绘制及尺寸标注。

1.3 实施过程

1.3.1 新建文件

启动 AutoCAD2016 中文版。双击电脑桌面上 AutoCAD2016 的快捷方式图标，或者执行"开始"→"所有程序"→"Autodesk"→"Autodesk2016－简体中文"→"Autodesk2016－简体中文"命令，启动 AutoCAD2016 中文版。

新建文件。单击【标题栏】中【文件】按钮，在下拉列表中选择"新建"，或者单击【标题栏】中【新建】按钮，新建一个文件，将其保存为"盖板.dwg"，如图 1－2 所示。

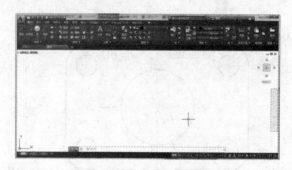

图 1－2 新建"盖板"文件

1.3.2 设定图层

单击【图层】工具栏中的【图层特性】按钮，或者在命令输入栏中输入"LAYER"，弹出【图层特性管理器】对话框，如图 1－3 所示，然后根据绘制盖板平面图需要在对话框中添加图层和设置图层参数，如图 1－4 所示。

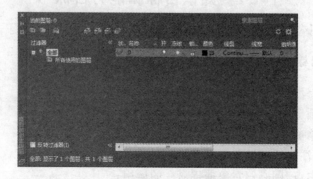

图 1－3 "图层特性管理器"对话框

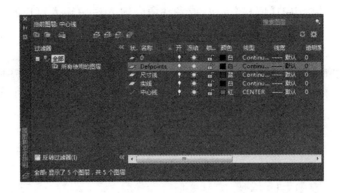

图 1-4　新建图层

1.3.3　绘制中心线

设置"中心线"层为当前图层。单击【图层】工具栏中的【图
层控制】按钮，在下拉列表中选择"中心线"选项，即将"中心线"
层设置为当前图层，如图 1-5 所示。在键盘上"F8"键，打开正
交模式。

图 1-5　选择中心线图层

绘制水平方向中心线。单击【绘图】工具栏中的【直线】按钮，或者在命令输入栏中输入
"LINE"，输入直线起点坐标(100,100)，按"Enter"键确认，向右移动鼠标，在如图 1-6 所示
的【直线长度】输入框中输入直线长度"120"，按"Enter"键确认，按"Esc"键退出。

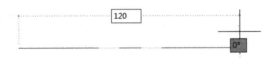

图 1-6　绘制水平直线

绘制垂直方向中心线。单击【绘图】工具栏中的【直线】按钮，或者在命令输入栏中输入
"LINE"，输入直线起点坐标(160,140)，按"Enter"键确认，向下移动鼠标，在如所示的【直线
长度】输入框中输入直线长度"80,"按"Enter"键确认，按"Esc"键退出，如图 1-7、1-8 所示。

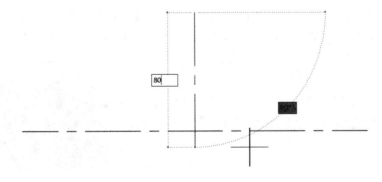

图 1-7　绘制竖直直线(一)

单击【修改】工具栏中的【偏移】按钮,或者在命令输入栏中输入"OFFSET",输入偏移距离"35",回车,如图 1-9 所示,拾取长度"80"的垂直中心线为偏移对象,分别向左、向右偏移,如图 1-10 所示。

单击【修改】工具栏中的【偏移】按钮,或者在命令输入栏中输入"OFFSET",输入偏移距离"20",回车,拾取长度"120"的水平中心线为偏移对象,分别向上、向下偏移,如图 1-11 所示。

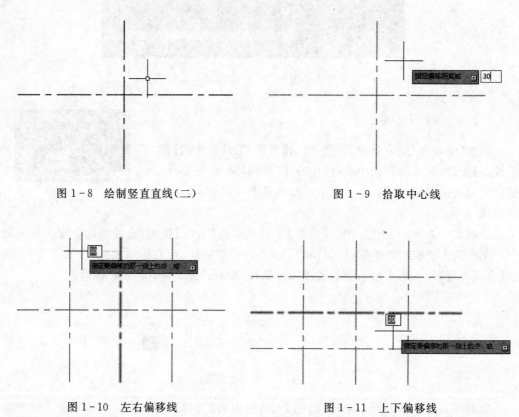

图 1-8　绘制竖直直线(二)　　　　　　　图 1-9　拾取中心线

图 1-10　左右偏移线　　　　　　　图 1-11　上下偏移线

1.3.4　绘制盖板外形轮廓

设置"实线"层为当前图层。单击【图层】工具栏中的【图层控制】,在下拉列表中选择"实线"选项,即将"实线"层设置为当前图层,如图 1-12 所示。在键盘上"F8"键,打开正交模式。

绘制 90×60 的矩形。单击【绘图】工具栏中的【矩形】按钮,或者在命令输入栏中输入"RECTANG",如图 1-13 所示输入矩形起点坐标(115,130),如图 1-14 所示输入矩形终点坐标(90,-60),按"Enter"键确认,按"Esc"键退出,如图 1-15 所示。

图 1-12　设置"实线"图层

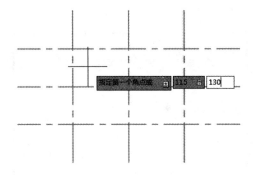

图 1 - 13　确定矩形起点

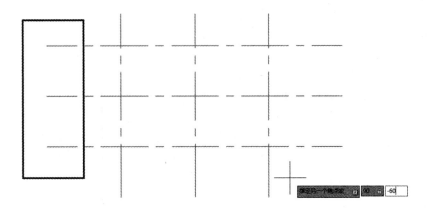

图 1 - 14　确定矩形终点

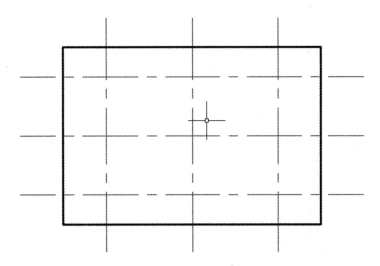

图 1 - 15　矩形

　　绘制 Φ36 的圆。单击【绘图】工具栏中的【圆】按钮，或者在命令输入栏中输入"CIRCLE"，在下拉列表中选择"圆心，半径"选项，捕捉如图 1 - 16 所示中心线交点为圆心，如图 1 - 17 所示输入半径"18，按"Enter"键确认，按"Esc"键退出，如图 1 - 18 所示。

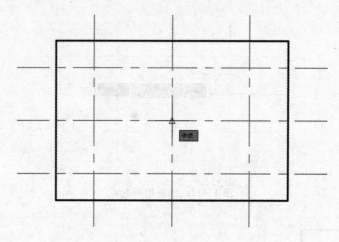

图 1－16 捕捉交点

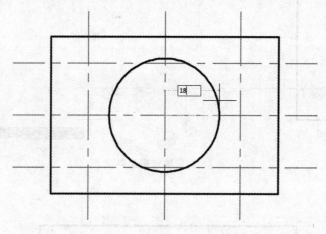

图 1－17 输入半径 18

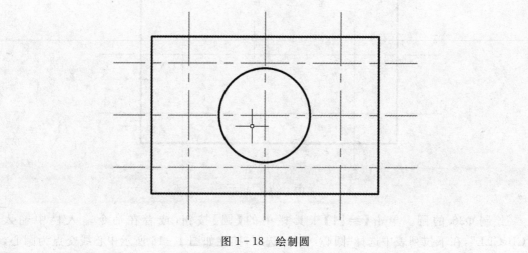

图 1－18 绘制圆

绘制 Φ10 圆。单击【绘图】工具栏中的【圆】按钮,或者在命令输入栏中输入"CIRCLE",在下拉列表中选择"圆心,半径"选项,捕捉如图 1-19 所示中心线交点为圆心,在如图 1-20 所示输入半径"5",按"Enter"键确认,按"Esc"键退出,如图 1-21 所示。

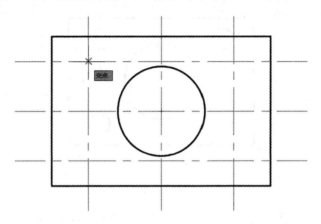

图 1-19 捕捉交点为圆心

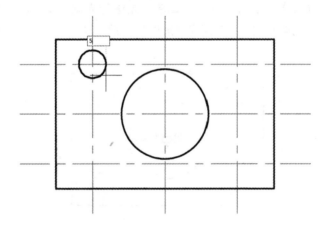

图 1-20 输入半径 5

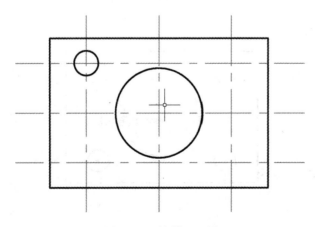

图 1-21 绘制 Φ10 圆

　　采用同样的方法绘制另外 3 个 Φ10 圆,结果如图 1－22 所示。也可采用【修改】工具栏中"镜像"、"复制"、"矩形阵列"命令完成其他 3 个 Φ10 圆的绘制。

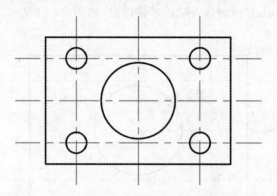

图 1－22　镜像完成 3 个 Φ10 圆

　　倒圆角 R10。单击【修改】工具栏中的【圆角】按钮,或者在命令输入栏中输入"FILLET",如图 1－23 所示输入"R",按"Enter"键确认,如图 1－24 所示输入倒圆角半径"10",按"Enter"键确认,如图 1－25 所示选择第一条倒圆角对象,然鼠标"左"键确认,如图 1－26 所示选择第二条倒圆角对象,然后单击鼠标"左"键确认,如图 1－27 所示。

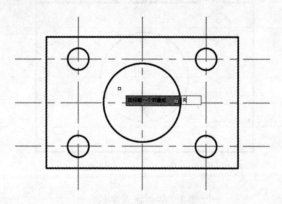

图 1－23　输入 R 倒圆角

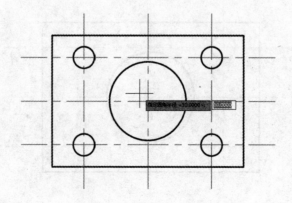

图 1－24　输入圆角半径 10

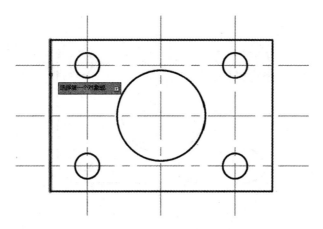

图 1-25 选择第 1 条倒圆角的边

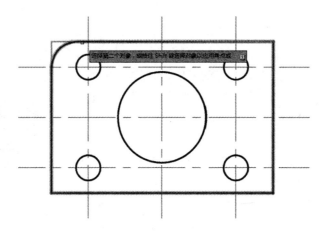

图 1-26 选择第 2 条倒圆角的边

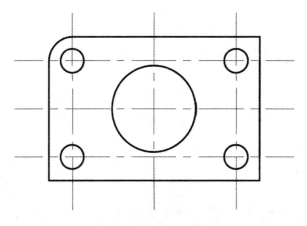

图 1-27 完成倒圆角

采用同样的方法完成另外 3 个 R10 倒圆角的创建,如图 1-28 所示。

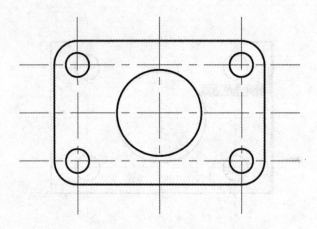

图1-28 完成四角的倒圆角

1.3.5 标注零件尺寸

设置"尺寸线"层为当前图。单击【图层】工具栏中的【图层控制】，在下拉列表中选择"尺寸线"选项，即将"尺寸线"层设置为当前图层，如图1-29所示。

图1-29 选择尺寸线图展

设置尺寸标注样式。单击【注释】工具栏中的【标注样式】按钮，或者在命令输入栏中输入"DIMSTYLE"，弹出【标注样式管理器】对话框中，如图1-30所示。选择标注样式"Standard"，并单击【标注样式管理器】对话框中【设为当前】按钮，单击【标注样式管理器】对话框中【修改】按钮，弹出【修改标注样式：Standard】对话框，如图1-31所示。按图1-32所示完成"线"的设置；按图1-33所示完成"符号和箭头"的设置；按图1-34所示完成"文字"的设置；按图1-35所示完成"调整"的设置；按图1-36所示完成"主单位"的设置。单击【修改标注样式：Standard】中【确定】完成设置，结果如图1-37所示，单击【标注样式管理器】中【关闭】按钮退出。

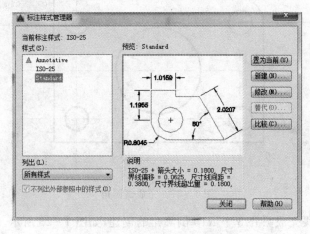

图1-30 打开标注样式管理器

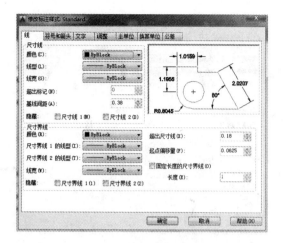

图 1-31　修改标注样式对话框

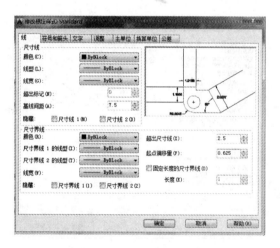

图 1-32　完成"线"设置

图 1-33　完成"符号和箭头"的设置

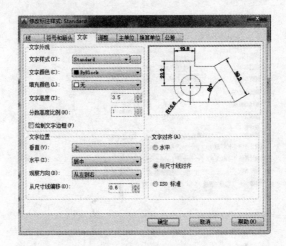

图 1-34　完成"文字"的设置

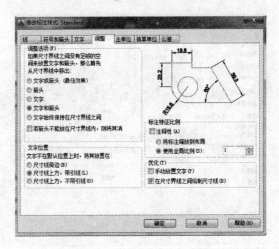

图 1-35　完成"调整"的设置

图 1-36　完成"主单位"的设置

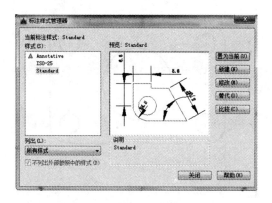

图 1-37 完成标注样式的设置

标注线性尺寸 90.0。单击【注释】工具栏中的【线性】按钮,或者在命令输入栏中输入"DIMLINEAR",参照盖板平面图实际,如图 1-38 所示完成"第一条尺寸界线原点"选定,如图 1-39 所示完成"第二条尺寸界线原点"选定,移动尺寸到合适位置单击鼠标"左键"确定,完成线性尺寸 90.0 标注,如图 1-40 所示。

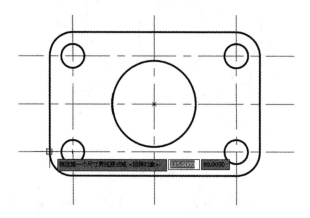

图 1-38 选定"第一条尺寸界线原点"

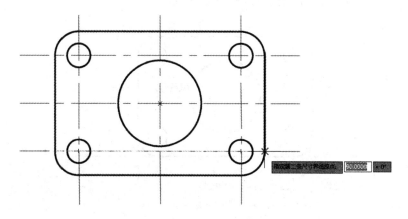

图 1-39 选定"第二条尺寸界线原点"

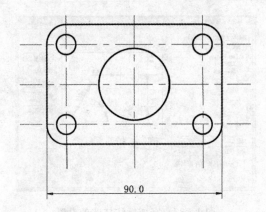

图 1-40　完成线性尺寸标注

采用同样的方法完成其他线性尺寸标注，如图 1-41 所示。

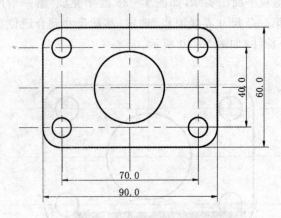

图 1-41　完成其他线性尺寸标注

标注直径尺寸 Φ36.0。单击【注释】工具栏中的【直径】按钮，或者在命令输入栏中输入"DIMDIAMETER"，如图 1-42 所示选定尺寸标注对象，移动尺寸到合适位置单击鼠标"左键"确定，完成直径尺寸 Φ36.0 标注，如图 1-43 所示。

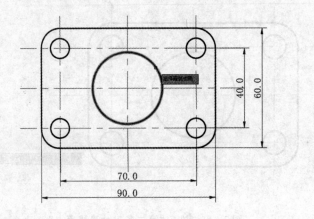

图 1-42　选定尺寸标注对象

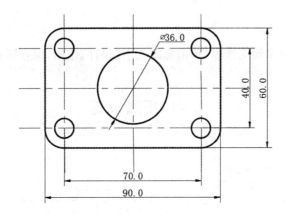

图 1-43　完成 Φ36 直径尺寸标注

采用同样的方法完成其他直径尺寸标注,如图 1-44 所示。

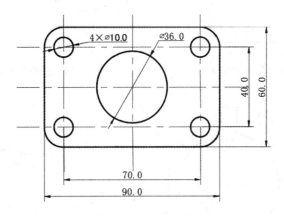

图 1-44　完成 Φ10 直径尺寸标注

标注半径尺寸 R10.0。单击【注释】工具栏中的【半径】按钮,或者在命令输入栏中输入"DIMRADIUS",如图 1-45 所示选定标注对象,移动尺寸到合适位置单击鼠标"左键"确定,完成半径尺寸 R10.0 标注,如图 1-46 所示。

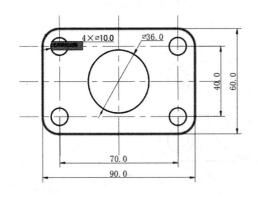

图 1-45　选定圆角标注对象

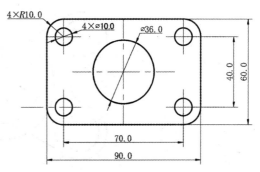

图 1-46　完成 R10 半径标注

1.3.6 保存

至此完成盖板轮廓平面图绘制,单击标题栏中【保存】按钮,保存所有数据。

1.4 拓展训练

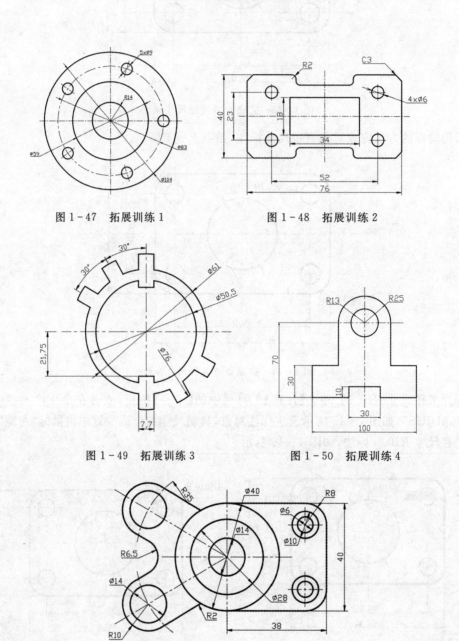

图 1-47 拓展训练 1   图 1-48 拓展训练 2

图 1-49 拓展训练 3   图 1-50 拓展训练 4

图 1-50 拓展训练 5

任务 2　支架轮廓平面图绘制

2.1　任务要求

要求运用 AutoCAD2016 绘制图 2-1 所示支架轮廓平面图,按照标注尺寸 1∶1,绘制并标注尺寸。

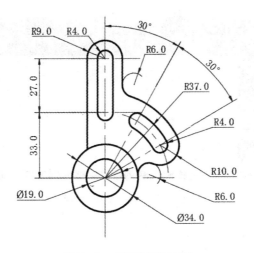

图 2-1　支架轮廓平面图

2.2　知识目标和能力目标

2.2.1　知识目标

(1)掌握图层的设置方法及操作步骤;

(2)掌握构造线、直线、圆、圆弧等绘图工具的运用;

(3)掌握打断、修剪、倒圆角、缩放等修改工具的运用;

(4)掌握尺寸标注样式的设置方法及尺寸标注;

(5)掌握对象捕捉工具的运用;

(6)掌握平面图形的绘制方法和思路。

2.2.2 能力目标

能够综合运用所学并按照要求完成较复杂平面图形的绘制及尺寸标注。

2.3 实施过程

2.3.1 新建文件

启动 AutoCAD2016。双击电脑桌面上 AutoCAD2016 的快捷方式图标,或者执行"开始"→"所有程序"→"Autodesk"→"Autodesk2016-简体中文"→"Autodesk2016-简体中文"命令,启动 AutoCAD2016 中文版。

新建文件。单击【标题栏】中【文件】按钮,在下拉列表中选择"新建",或者单击【标题栏】中【新建】按钮,完成新建一个文件,并将其保存为"支架.dwg",如图 2-2 所示。

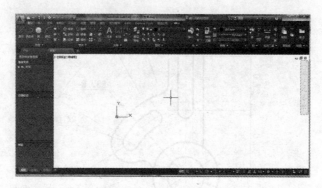

图 2-2 新建"支架"文件

2.3.2 设定图层

单击【图层】工具栏中的【图层特性】按钮,或者在命令输入栏中输入"LAYER",弹出【图层特性管理器】对话框,如图 2-3 所示。根据绘制支架平面图需要在【图层特性管理器】中添加图层,设置名称、颜色、线性、线宽等图层参数,如图 2-4 所示。

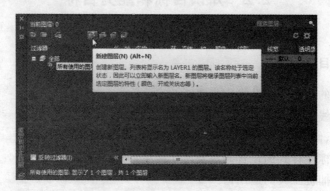

图 2-3 "图层特性管理器"对话框

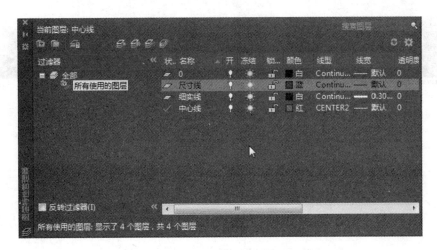

图 2-4　新建图层

2.3.3　绘制中心线

设置"中心线"层设置为当前图层。单击【图层】工具栏中的【图层控制】按钮，在下拉列表中选择"中心线"选项，即可将"中心线"层设置为当前图层，如图 2-5 所示。

图 2-5　选择中心图层

绘制水平方向中心线。在键盘上点击"F8"键打开正交模式，单击【绘图】工具栏中的【构造线】按钮，或者在命令输入栏中输入"XLINE"，通过坐标原点(0,0)创建一条水平方向中心线，按鼠标左键确认，如图 2-6 所示。

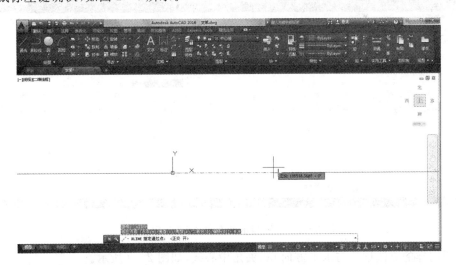

图 2-6　绘制水平中心线(一)

绘制垂直方向中心线。单击【绘图】工具栏中的【构造线】按钮，或者在命令输入栏中输入"XLINE"，通过坐标原点(0,0)创建一条垂直方向中心线，按鼠标左键确认，如图 2-7 所示。

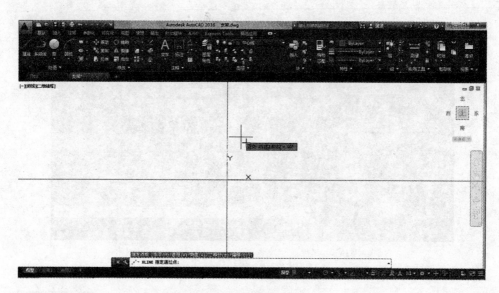

图 2-7　绘制水平中心线(二)

　　绘制与水平方向 30°夹角中心线。单击【绘图】工具栏中的【射线】按钮,或者在命令输入栏中输入"RAY",通过坐标原点(0,0)创建一条与水平方向 30°夹角中心线,按鼠标左键确认,按"ESC"键退出,如图 2-8 所示。

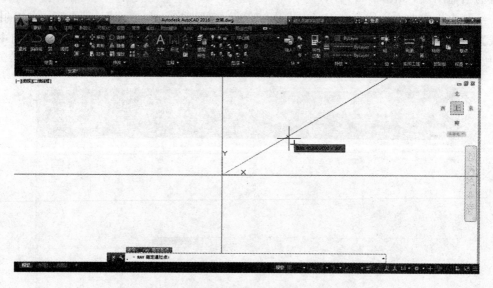

图 2-8　绘制与水平方向 30°夹角中心线

　　采用同样的方法创建与水平方向 60°夹角中心线,如图 2-9 所示。
　　绘制水平方向中心线间距 33 中心线。单击【修改】工具栏中的【偏移】按钮,或者在命令输入栏中输入"OFFSET",输入偏移距离"33",拾取水平方向中心线为偏移对象,向上偏移,如图 2-10 所示。采用同样的方法创建与水平方向中心线间距 60 中心,如图 2-11所示。

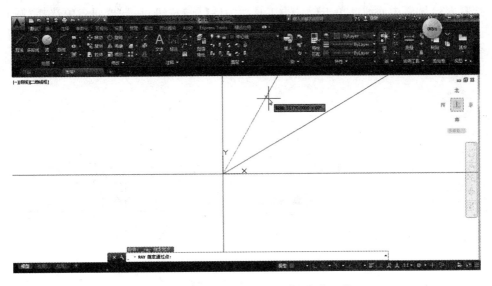

图 2-9 绘制与水平方向 60°夹角中心线

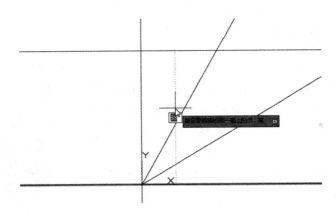

图 2-10 偏移线(一)

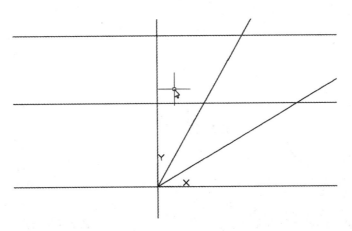

图 2-11 偏移线(二)

绘制 R33 圆弧中心线。单击【绘图】工具栏中的【圆】按钮,在下拉列表中选择"圆心,半径"选项,或者在命令输入栏中输入"CIRCLE",圆心捕捉坐标原点(0,0),如图 2-12 所示输入半径"33,按"Enter"键确认,按"Esc"键退出,结果如图 2-13 所示。

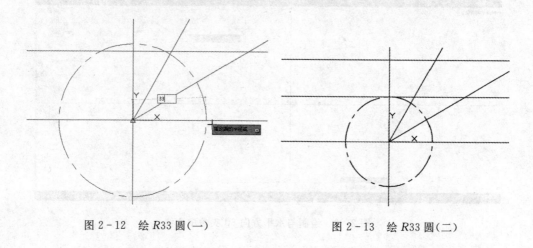

图 2-12 绘 R33 圆(一)　　　　　图 2-13 绘 R33 圆(二)

2.3.4 绘制支架外形轮廓

设置"细实线"层设置为当前图层。单击【图层】工具栏中的【图层控制】按钮,在下拉列表中选择"细实线"选项,即可将"细实线"层设置为当前图层,如图 2-14 所示。

绘制 Φ19 圆。单击【绘图】工具栏中的【圆】按钮,在下拉列表中选择"圆心,直径"选项,或者在命令输入栏中输入"CIRCLE",圆心捕捉坐标原点(0,0),如图 2-15 所示输入直径"19,按"Enter"键确认,按"Esc"键退出,结果如图 2-16 所示。

图 2-14 选择细实线图层

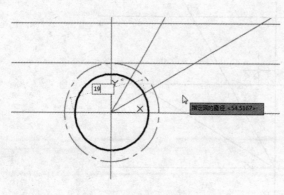

图 2-15 绘 Φ19 圆(一)

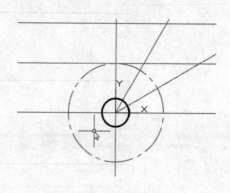

图 2-16 绘 Φ19 圆(二)

采用同样的方法创建 Φ34、2 个 R4、R9 圆,如图 2-17 所示。

绘制 2 条与 R9 圆相切垂直线。在键盘上点击"F8"键打开正交模式,单击【绘图】工具栏中的【直线】按钮,或者在命令输入栏中输入"LINE",起点选择 R9 圆左、右象限点,终点选择如图 2-18 所示靠近 Φ34 圆位置即可。单击【修改】工具栏中的【延伸】按钮,或者在命令输入栏中输入"EXTEND",将 2 条直线终点延伸至 Φ34,如图 2-19 所示。

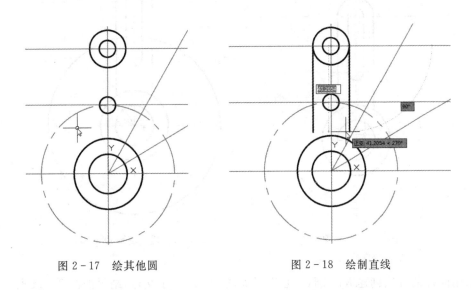

图 2-17 绘其他圆   图 2-18 绘制直线

绘制 2 条与 R4 圆相切垂直线。在键盘上点击"F8"键打开正交模式,单击【绘图】工具栏中的【直线】按钮,或者在命令输入栏中输入"LINE",起点、终点分别选择上、下 R4 圆的左、右象限点,如图 2-20 所示。

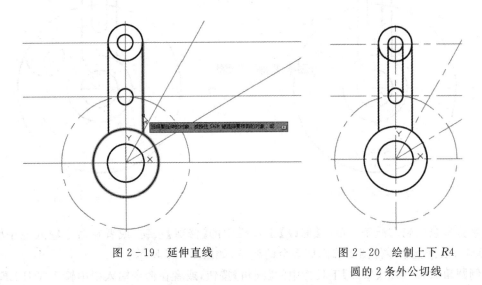

图 2-19 延伸直线   图 2-20 绘制上下 R4
圆的 2 条外公切线

修剪多余的轮廓线条。单击【修改】工具栏中的【修剪】按钮,或者在命令输入栏中输入"TRIM",根据支架零件图要求修剪多余的线条,如图 2-21 所示。

绘制 $\Phi 86$ 圆。单击【绘图】工具栏中的【圆】按钮,在下拉列表中选择"圆心,直径"选项,或者在命令输入栏中输入"CIRCLE",圆心选择坐标原点(0,0),输入直径"86",按"Enter"键确认,按"Esc"退出,结果如图 2-22 所示。

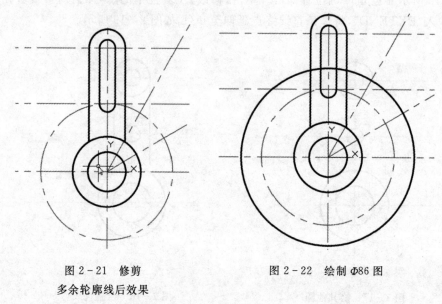

图 2-21 修剪
多余轮廓线后效果

图 2-22 绘制 $\Phi 86$ 图

采用同样的方法创建 $R10$ 圆,圆心选择如图 2-23 所示交点,结果如图 2-24 所示。

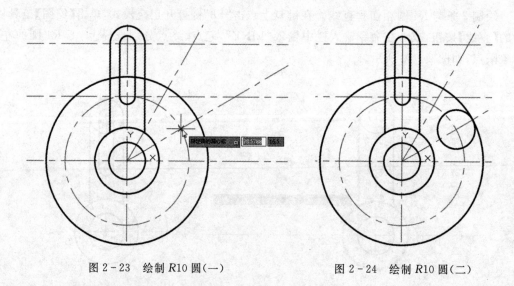

图 2-23 绘制 $R10$ 圆(一)

图 2-24 绘制 $R10$ 圆(二)

修剪多余的轮廓线条。单击【修改】工具栏中的【修剪】按钮,或者在命令输入栏中输入"TRIM",根据支架零件图要求修剪多余的线条,如图 2-25 所示。

倒圆角 $R6$。单击【修改】工具栏中的【圆角】按钮,或者在命令输入栏中输入"FILLET",然后在命令输入栏提示输入"R",然后在命令输入栏输入"6"指定倒圆角半径,参照法兰盘零件图要求选择对应的两条轮廓线倒圆角 $R6$,如图 2-26 所示。

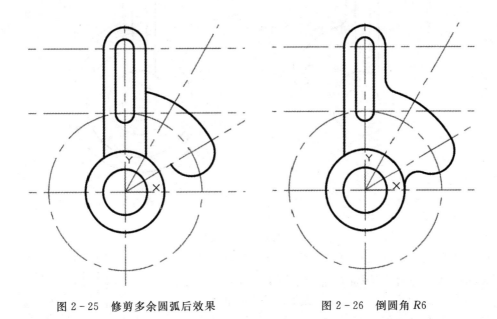

图 2-25 修剪多余圆弧后效果   图 2-26 倒圆角 R6

绘制 2 个 R4 圆。单击【绘图】工具栏中的【圆】按钮,在下拉列表中选择"圆心,直径"选项,或者在命令输入栏中输入"CIRCLE",两圆心选择如图 2-27、图 2-28 所示,结果如图 2-29 所示。

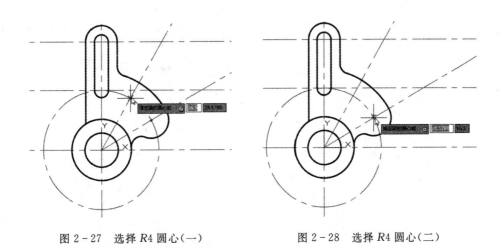

图 2-27 选择 R4 圆心(一)   图 2-28 选择 R4 圆心(二)

绘制 R37,R29 圆。单击【绘图】工具栏中的【圆】按钮,在下拉列表中选择"圆心,直径"选项,或者在命令输入栏中输入"CIRCLE",圆心均选择坐标原点(0,0),结果如图 2-30 所示。

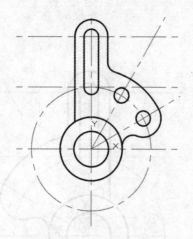

图 2-29　绘制 2 个 R4 圆

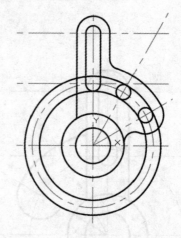

图 2-30　绘制 R37、T29 圆

修剪多余的轮廓线条。单击【修改】工具栏中的【修剪】按钮，或者在命令输入栏中输入"TRIM"，参照支架零件图实际修剪多余的线条，如图 2-31 所示。

修剪多余的中心线。单击【修改】工具栏中的【打断】按钮，或者在命令输入栏中输入"BREAK"，根据支架零件图轮廓实际情况选择合适位置打断中心线，如图 2-32 所示。单击【修改】工具栏中的【删除】按钮，或者在命令输入栏中输入"ERASE"，选择删除多余的中心线，按"Enter"键确认，按"Esc"键退出，如图 2-33 所示。

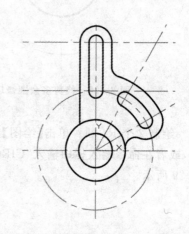

图 2-31　修剪多余轮廓线后的效果

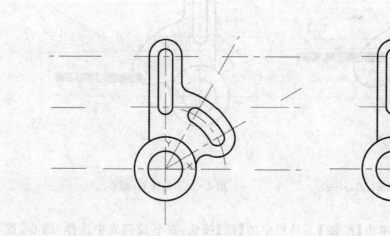
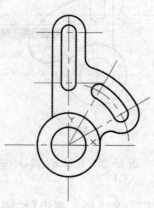

图 2-32　打断中心线　　　　图 2-33　删除多余的中心线

2.3.5　标注零件尺寸

设置"尺寸线"层设置为当前图层。单击【图层】工具栏中的【图层控制】按钮,在下拉列表中选择"尺寸线"选项,即可将"尺寸线"层设置为当前图层,如图 2-34 所示。

设置尺寸标注样式。单击【注释】工具栏中的【标注样式】按钮,或者在命令输入栏中输入"DIMSTYLE",弹出【标注样式管理器】对话框中,选择标注样式"Standard"。单击【标注样式管理器】对话框中【设为当前】按钮,如图 2-35。单击【标注样式管理器】对话框中【修改】按钮,弹出【修改标注样式:Standard】对话框,如图 2-36 所示。按图 2-36 所示完成"线"

图 2-34　选择尺寸线图线

的设置;按图 2-37 所示完成"符号和箭头"的设置;按图 2-38 所示完成"文字"的设置;按图 2-39 所示完成"调整"的设置;按图 2-40 所示完成"主单位"的设置。单击【修改标注样式:Standard】中【确定】完成设置,结果如图 2-41 所示,单击【标注样式管理器】中【关闭】按钮退出。

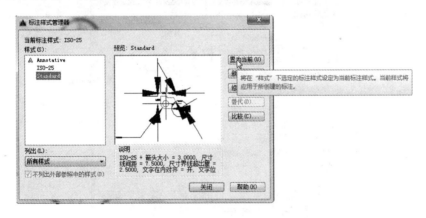

图 2-35　修改标注样式对话框

图 2-36　完成"线"设置

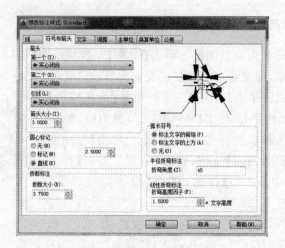

图 2-37 完成"符号和箭头"设置

图 2-38 完成"文字"设置

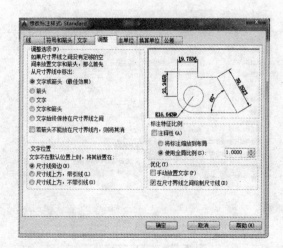

图 2-39 完成"调整"设置

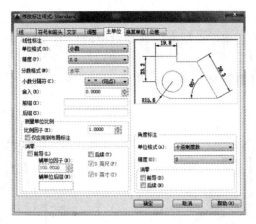

图 2-40 完成"主单位"设置

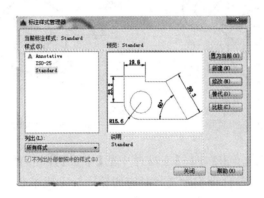

图 2-41 完成标注样式的设置

标注线性尺寸 33.0。单击【注释】工具栏中的【线性】按钮,或者在命令输入栏中输入"DIMLINEAR",参照支架零件图实际选择对应的两条轮廓线完成线性尺寸 33.0 标注,如图 2-42 所示。

采用同样的方法标注线性尺寸 27,如图 2-43 所示。

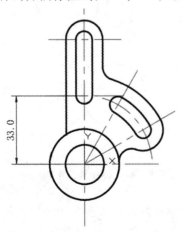

图 2-42 标注线性尺寸(一)

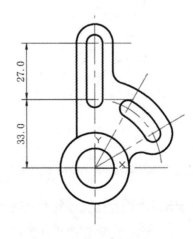

图 2-43 标注线性尺寸(二)

标注直径尺寸 Φ34。单击【注释】工具栏中的【直径】按钮，或者在命令输入栏中输入 "DIMDIAMETER"，参照支架零件图实际选择对应的轮廓线完成直径尺寸 Φ19.0 标注，如图 2-44 所示。

采用同样的方法标注直径尺寸 Φ19.0，如图 2-45 所示。

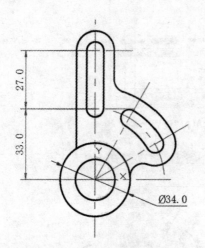

图 2-44 标注 Φ34 直径尺寸

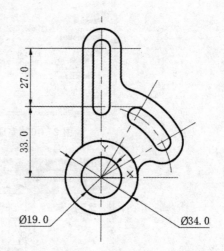

图 2-45 标注 Φ19 直径尺寸

标注半径尺寸 R9.0。单击【注释】工具栏中的【半径】按钮，或者在命令输入栏中输入 "DIMRADIUS"，参照支架零件图实际选择对应的轮廓线完成半径尺寸 R9.0 标注，如图 2-46 所示。

采用同样的方法标注其他所有半径尺寸，如图 2-47 所示。

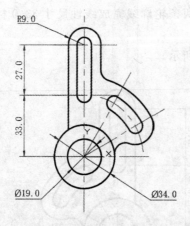

图 2-46 标注 R9 半径尺寸

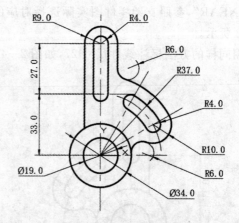

图 2-47 标注其他半径尺寸

标注角度尺寸 30°。单击【注释】工具栏中的【半径】按钮，或者在命令输入栏中输入 "DIMANGULAR"，如图 2-48 所示选择第一条边界对象，如图 2-49 所示选择第二条边界对象，移动尺寸至合适位置，单击鼠标"左键"完成角度尺寸 30°创建，如图 2-50 所示。

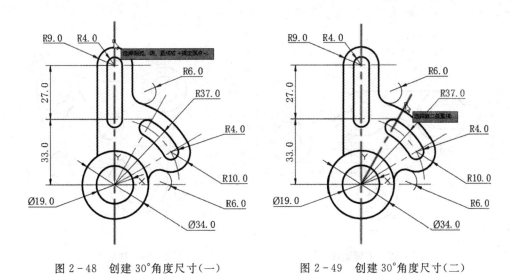

图 2-48　创建 30°角度尺寸(一)　　　　图 2-49　创建 30°角度尺寸(二)

采用同样的方法标注另一个 30°尺寸,如图 2-51 所示。

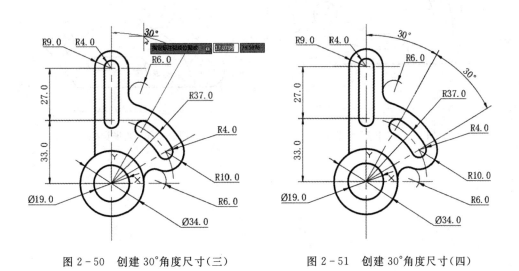

图 2-50　创建 30°角度尺寸(三)　　　　图 2-51　创建 30°角度尺寸(四)

2.3.6　保存

至此完成支架轮廓平面图的绘制,单击标题栏中【保存】按钮,保存所有数据。

2.4 拓展训练

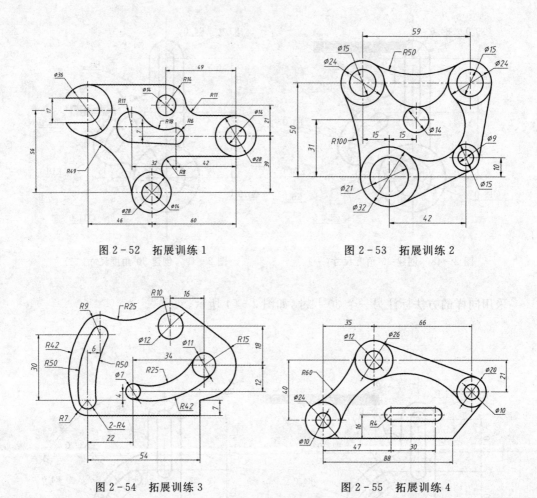

图 2-52 拓展训练 1

图 2-53 拓展训练 2

图 2-54 拓展训练 3

图 2-55 拓展训练 4

任务 3　锁钩轮廓平面图绘制

3.1　任务要求

要求运用 AutoCAD2016 绘制图 3-1 所示锁钩轮廓平面图,按照标注尺寸 1：1 绘制,并标注尺寸。

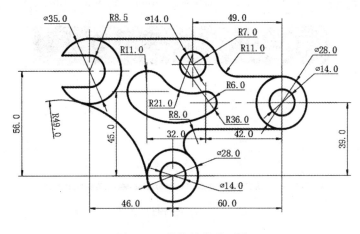

图 3-1　锁钩轮廓平面图

3.2　知识目标和能力目标

3.2.1　知识目标

(1)熟练掌握图层的设置方法及操作步骤;

(2)熟练掌握直线、圆等绘图工具的运用;

(3)熟练掌握镜像、修剪、倒圆角、缩放等修改工具的运用;

(4)熟练掌握尺寸标注样式的设置方法及尺寸标注;

(5)掌握端点、中点、圆心等对象捕捉命令的运用;

(6)熟练掌握平面图形的绘制方法和思路。

3.2.2 能力目标

能够综合运用所学并按照要求完成复制平面图形的绘制及尺寸标注。

3.3 实施过程

3.3.1 新建文件

启动 AutoCAD2016 中。双击电脑桌面上 AutoCAD2016 的快捷方式图标，或者执行"开始"→"所有程序"→"Autodesk"→"Autodesk2016－简体中文"→"Autodesk2016－简体中文"命令，启动 AutoCAD2016 中文版。

新建文件。单击【标题栏】中【文件】按钮，在下拉列表中选择"新建"，或者单击【标题栏】中【新建】按钮，新建一个文件，将其保存为"锁钩.dwg"，如图 3-2 所示。

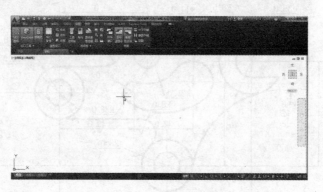

图 3-2 新建"锁钩"文件

3.3.2 设定图层

单击【图层】工具栏中的【图层特性】按钮，或者在命令输入栏中输入"LAYER"，弹出【图层特性管理器】对话框，如图 3-3 所示；根据绘制锁钩平面图需要在【图层特性管理器】中添加图层，设置名称、颜色、线性、线宽等图层参数，如图 3-4 所示。

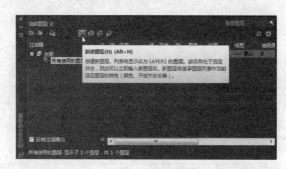

图 3-3 "图层特性管理器"对话框

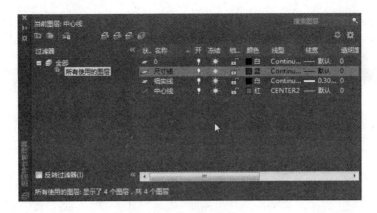

图 3-4　新建图层

3.3.3　绘制中心线

设置"中心线"层为当前图层。单击【图层】工具栏中的【图层控制】按钮,在下拉列表中选择"中心线"选项,即将"中心线"层设置为当前图层,如图 3-5 所示。在键盘上"F8"键,打开正交模式。

图 3-5　选择中心线图层

绘制水平方向中心线。在键盘上点击"F8"键打开正交模式,单击【绘图】工具栏中的【构造线】按钮,或者在命令输入栏中输入"XLINE",通过坐标原点(0,0)创建一条水平方向中心线,按鼠标左键确认,如图 3-6 所示。

图 3-6　绘制水平中心线

绘制水平方向中心线,与坐标原点垂直距离 39。单击【修改】工具栏中的【偏移】按钮,或者在命令输入栏中输入"OFFSET",输入偏移距离"39",拾取如图 3-7 所示水平中心线为偏移对象,偏移方向"Y+",单击鼠标"左"键确认,按"Esc"键退出,如图 3-8 所示。

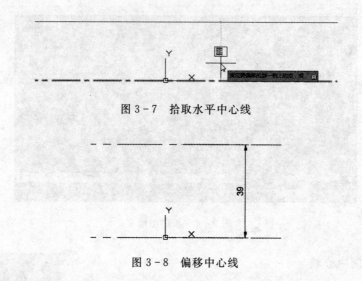

图 3-7 拾取水平中心线

图 3-8 偏移中心线

采用同样的方位创建与坐标原点距离垂直距离 45、56、59.5 的水平方向中心线,偏移方向均为"Y+",如图 3-9 所示。

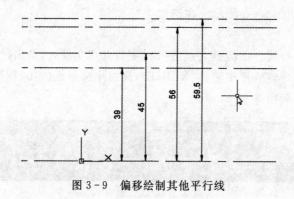

图 3-9 偏移绘制其他平行线

绘制垂直方向中心线,单击【绘图】工具栏中的【构造线】按钮,或者在命令输入栏中输入"XLINE",通过坐标原点(0,0)创建一条垂直方向中心线,按鼠标左键确认,如图 3-10 所示。

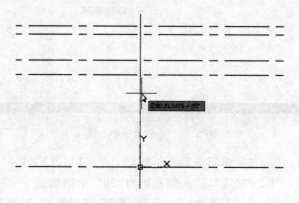

图 3-10 绘制垂直方向中心线(一)

　　绘制垂直方向中心线，与坐标原点垂直距离 60。单击【修改】工具栏中的【偏移】按钮，或者在命令输入栏中输入"OFFSET"，输入偏移距离"60"，拾取如图 3-11 所示水平中心线为偏移对象，偏移方向"X"轴正方向，单击鼠标"左"键确认，按"Esc"键退出，如图 3-12 所示。

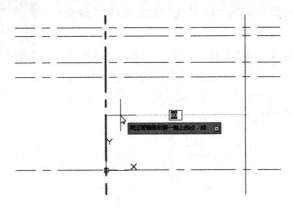

图 3-11　偏移垂直方向中心线（一）

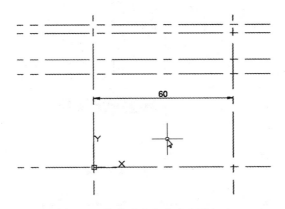

图 3-12 偏移垂直方向中心线（二）

　　采用同样的方位创建与坐标原点距离水平距离 11（"X＋"向）、14（"X－"向）、18（"X＋"向）、46（"X－"向）的水平方向中心线，如图 3-13 所示。

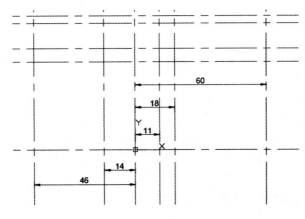

图 3-13　偏移绘制其他垂直方向平行线

3.3.4 绘制锁钩外形轮廓

设置"细实线"层为当前图层。单击【图层】工具栏中的【图层控制】，在下拉列表中选择"细实线"选项，即将"细实线"层设置为当前图层，如图 3-14 所示。

图 3-14 选择细实线图层

绘制 $\Phi28$ 圆。单击【绘图】工具栏中的【圆】按钮，或者在命令输入栏中输入"CIRCLE"，在下拉列表中选择"圆心，半径"选项，如图 3-15 捕捉坐标原点为圆心，输入半径"28"，按"Enter"键确认，按"Esc"键退出，如图 3-16 所示。

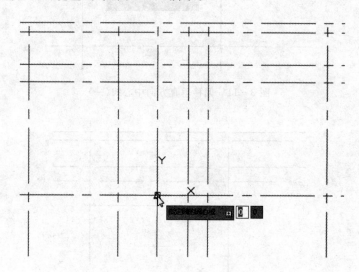

图 3-15 选择 $\Phi28$ 圆心

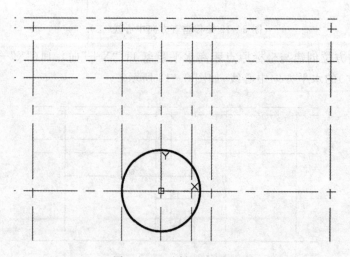

图 3-16 选择 $\Phi28$ 圆心

采用同样的方法绘制同心圆 $\Phi14$，如图 3-17 所示。

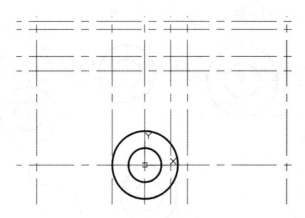

图 3－17 绘制同心圆 Φ14

采用同样的方法绘制同心圆 Φ14、Φ28,如图 3－18 所示

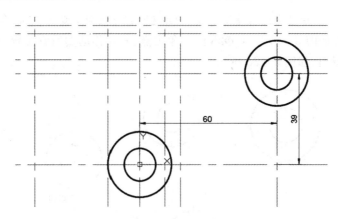

图 3－18 绘制同心圆(一)

采用同样的方法绘制同心圆 Φ14、Φ28,如图 3－19 所示。

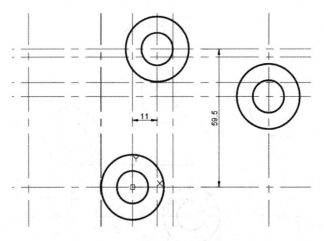

图 3－19 绘制同心圆(二)

采用同样的方法绘制同心圆 Φ17、Φ35，如图 3-20 所示。

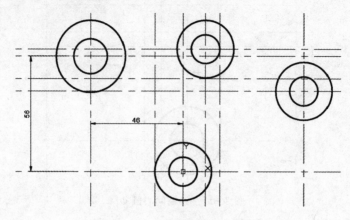

图 3-20　绘制同心圆（三）

绘制水平切线。单击【绘图】工具栏中的【直线】按钮，或者在命令输入栏中输入"LINE"，起点捕捉如图 3-21 所示 Φ28 圆的象限点，向左移动倒适宜位置，单击鼠标"左"键确认，按"Esc"键退出，如图 3-22 所示。

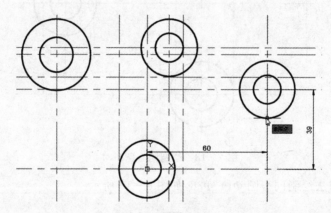

图 3-21　绘制直线（一）

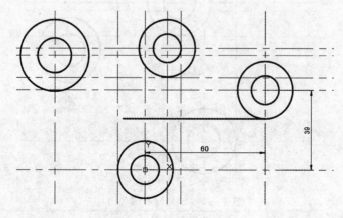

图 3-22　绘制直线（二）

采用同样的方法绘制水平切线,如图 3-23 所示。

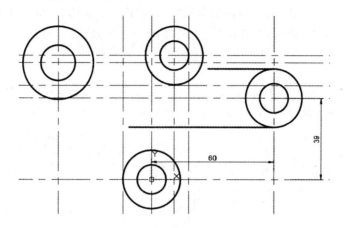

图 3-23　绘制直线(三)

采用同样的方法绘制 Φ35、Φ28 两圆共同水平切线,如图 3-24 所示。

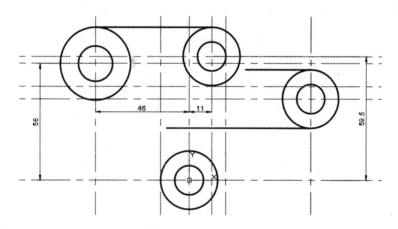

图 3-24　绘制 Φ35,Φ28 两圆共同水平切线

采用同样的方法绘制 Φ17 水平切线,如图 3-25 所示。

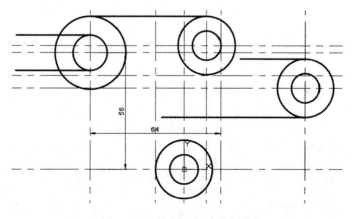

图 3-25　绘制 Φ17 水平切线

倒圆角 $R8$。单击【修改】工具栏中的【圆角】按钮，或者在命令输入栏中输入"FILLET"，输入"R"，按"Enter"键确认，输入倒圆角半径"8"，按"Enter"键确认，分别选择两条倒圆角边界对象，单击鼠标"左"键确认，按"Esc"键退出，如图 3－26 所示。

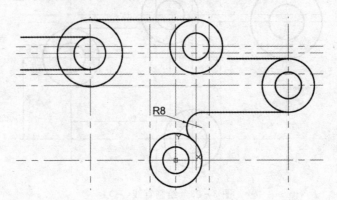

图 3－26 倒 $R8$ 圆角

采用同样的方法倒圆角 $R11$、$R49$，如图 3－26 所示

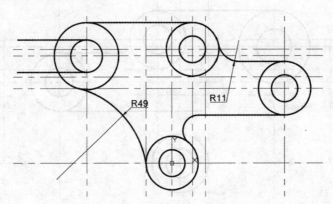

图 3－27 倒圆角 $R11$、$R49$

修剪部分多余的轮廓线条。单击【修改】工具栏中的【修剪】按钮，或者在命令输入栏中输入"TRIM"，参照锁钩零件图实际修剪多余的线条，如图 3－28 所示。

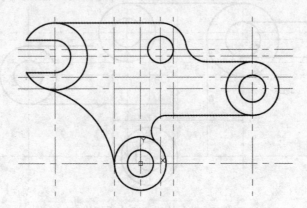

图 3－28 修剪多余线条后的效果

　　绘制 Φ22 圆。单击【绘图】工具栏中的【圆】按钮,或者在命令输入栏中输入"CIRCLE",在下拉列表中选择"圆心,半径"选项,圆心捕捉如图 3-29 所示,输入半径"22,按"Enter"键确认,按"Esc"键退出,如图 3-29 所示。

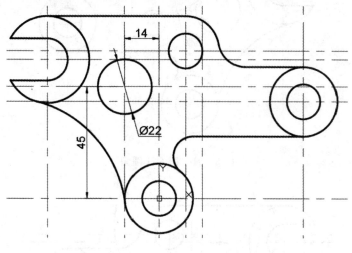

图 3-29　绘制 Φ22 圆

采用同样的方法绘制 Φ12 圆,如图 3-30 所示。

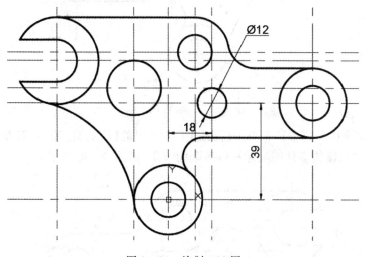

图 3-30　绘制 Φ12 圆

　　倒圆角 R21。单击【修改】工具栏中的【圆角】按钮,或者在命令输入栏中输入"FILLET",输入"R",按"Enter"键确认,输入倒圆角半径"21",按"Enter"键确认,分别选择两条倒圆角边界对象,单击鼠标"左"键确认,按"Esc"键退出,如图 3-31 所示。

　　绘制 R28 圆。单击【绘图】工具栏中的【圆】按钮,或者在命令输入栏中输入"CIRCLE",在下拉列表中选择"相切,相切,半径"选项,分别捕捉图 3-32 两圆为相切对象,输入半径"28,按"Enter"键确认,按"Esc"键退出,如图 3-32 所示。

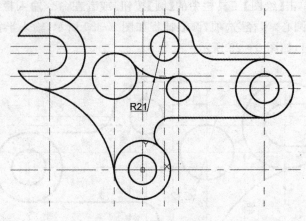

图 3 - 31   倒 R21 圆角

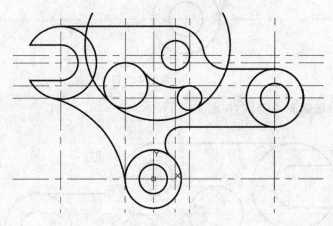

图 3 - 32   绘制 R28 圆

修剪部分多余的轮廓线条。单击【修改】工具栏中的【修剪】按钮,或者在命令输入栏中输入"TRIM",参照锁钩零件图实际修剪多余的线条,如图 3 - 33 所示。

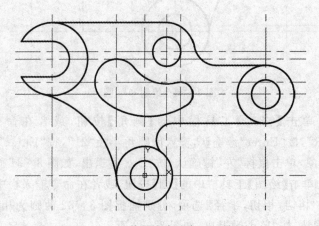

图 3 - 33   修剪多余线条后的效果

修剪多余的中心线。单击【修改】工具栏中的【打断】按钮,或者在命令输入栏中输入"BREAK",根据支架零件图轮廓实际情况选择合适位置打断中心线。单击【修改】工具栏中的【删除】按钮,或者在命令输入栏中输入"ERASE",选择删除多余的中心线,按"Enter"键确认,按"Esc"键退出,如图 3－34 所示。

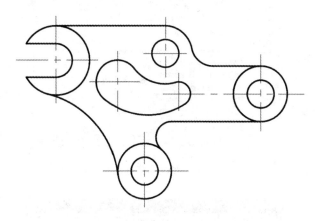

图 3－34　修剪多余的中心线后的效果

3.3.5　标注零件尺寸

设置"尺寸线"层为当前图。单击【图层】工具栏中的【图层控制】,在下拉列表中选择"尺寸线"选项,即将"尺寸线"层设置为当前图层,如图 3－35 所示。

图 3－35　选择中心线图层

设置尺寸标注样式。单击【注释】工具栏中的【标注样式】按钮,或者在命令输入栏中输入"DIMSTYLE",弹出【标注样式管理器】对话框中,如图 3－36 所示选择标注样式"Standard",并单击【标注样式管理器】对话框中【设为当前】按钮,单击【标注样式管理器】对话框中【修改】按钮,弹出【修改标注样式:Standard】对话框,如图 3－37 所示。按图 3－38 所示完成"线"的设置;按图 3－39 所示完成"符号和箭头"的设置;按图 3－40 所示完成"文字"的设置;按图 3－41 所示完成"调整"的设置;按图 3－42 所示完成"主单位"的设置。单击【修改标注样式:Standard】中【确定】完成设置,结果如图 3－43 所示,单击【标注样式管理器】中【关闭】按钮退出。

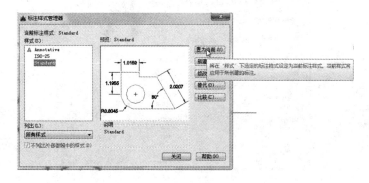

图 3－36　"标注样式管理器"对话框

图 3-37 修改标注样式对话框

图 3-38 完成"线"设置

图 3-39 完成"符号和箭头"设置

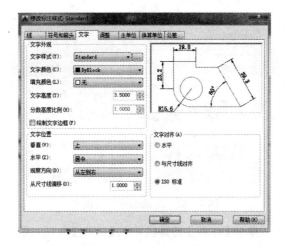

图 3-40 完成"文字"设置

图 3-41 完成"调整"设置

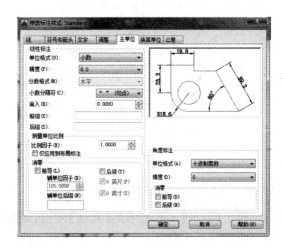

图 3-42 完成"主单位"设置

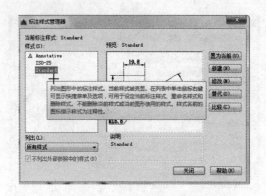

图 3-43　完成标注样式设置

标注线性尺寸 60.0。单击【注释】工具栏中的【线性】按钮,或者在命令输入栏中输入"DIMLINEAR",参照锁钩零件图实际选择对应的两条轮廓线完成线性尺寸 60.0 标注,如图 3-44 所示。

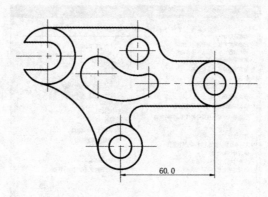

图 3-44　标注线性尺寸(一)

采用同样的方法标注其他线性尺寸,如图 3-45 所示。

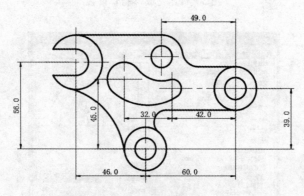

图 3-45　标注线性尺寸(二)

标注直径尺寸 Φ28.0。单击【注释】工具栏中的【直径】按钮,或者在命令输入栏中输入"DIMDIAMETER",参照锁钩零件图实际选择对应的轮廓线完成直径尺寸 Φ28.0 标注,如

图 3-46 所示。

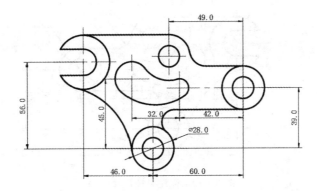

图 3-46 标注直径尺寸(一)

采用同样的方法标注其他直径尺寸,如图 3-47 所示。

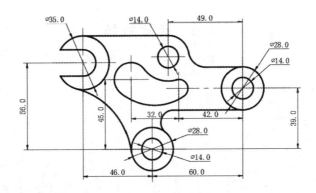

图 3-47 标注直径尺寸(二)

标注半径尺寸 R14.0。单击【注释】工具栏中的【半径】按钮,或者在命令输入栏中输入"DIMRADIUS",参照锁扣零件图实际选择对应的轮廓线完成半径尺寸 R14.0 标注,如图3-48 所示。

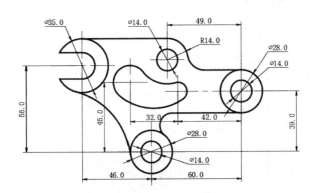

图 3-48 标注半径尺寸(一)

采用同样的方法标注其他半径尺寸,如图 3-49 所示。

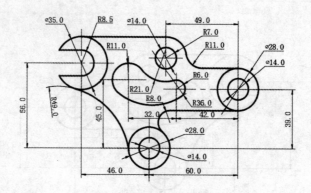

图 3-49　标注半径尺寸(二)

3.3.6　保存

至此完成锁钩轮廓平面图的绘制,单击标题栏中【保存】按钮,保存所有数据。

3.4　拓展训练

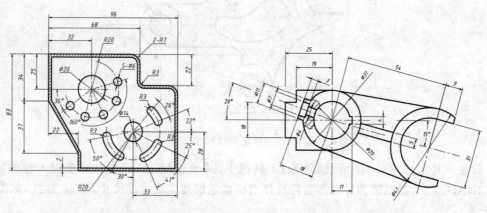

图 3-50　拓展训练1　　　　　　　　图 3-51　拓展训练2

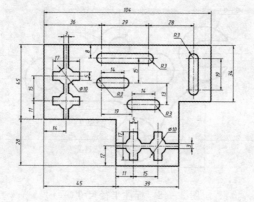

图 3-52　拓展训练3

项目二 轴套类零件图绘制

任务4 低速轴零件图绘制

4.1 任务要求

要求运用 AutoCAD2016 绘制图 4-1 所示低速轴零件图,按照标注尺寸 1:1 绘制,并标注尺寸。

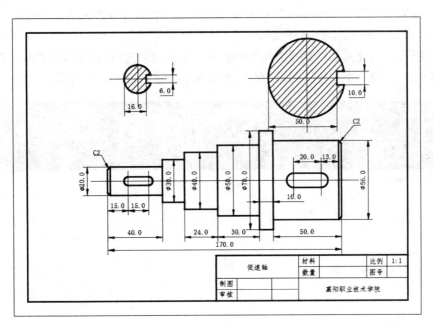

图 4-1 低速轴零件图

4.2 知识目标和能力目标

4.2.1 知识目标

(1)熟练掌握图层的设置方法及操作步骤;

(2)熟练掌握直线、圆、图样填充等绘图工具的运用;

(3)熟练掌握打断、修剪、倒圆角、偏移等修改工具的运用;

（4）熟练掌握尺寸标注样式的设置方法及尺寸标注；

（5）熟练掌握端点、中点、圆心等对象捕捉命令的运用；

（6）掌握轴套类零件图的绘制方法和思路。

4.2.2 能力目标

能够综合运用所学并按照要求完成简单轴套类零件图的绘制及尺寸标注。

4.3 实施过程

4.3.1 新建文件

启动 AutoCAD2016 中。双击电脑桌面上 AutoCAD2016 的快捷方式图标，或者执行"开始"→"所有程序"→"Autodesk"→"Autodesk2016－简体中文"→"Autodesk2016－简体中文"命令，启动 AutoCAD2016 中文版。

新建文件。单击【标题栏】中【文件】按钮，在下拉列表中选择"新建"，或者单击【标题栏】中【新建】按钮，新建一个文件，将其保存为"低速轴.dwg"，如图 4－2 所示。

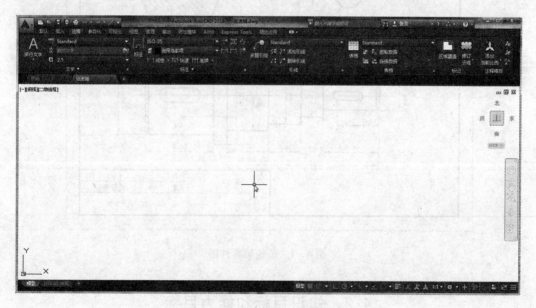

图 4－2　新建"低速轴"文件

4.3.2 设定图层

单击【图层】工具栏中的【图层特性】按钮，或者在命令输入栏中输入"LAYER"，弹出【图层特性管理器】对话框，如图 4－3 所示；根据绘制低速轴零件图需要在【图层特性管理器】中添加图层，设置名称、颜色、线性、线宽等图层参数，如图 4－4 所示。

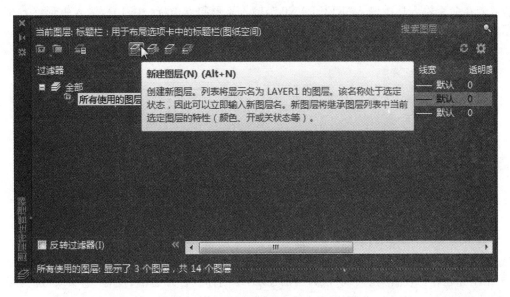

图 4-3 "图层特性管理器"对话框

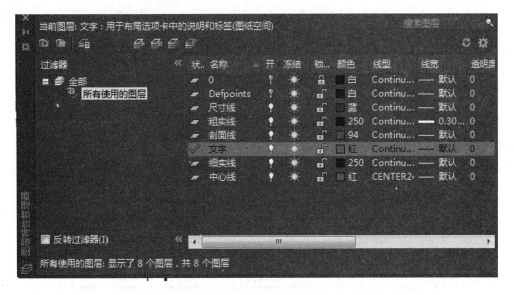

图 4-4 新建图层

4.3.3 设置图幅

绘制 A4 图幅的外边框。设置"细实线"层为当前图层,单击【绘图】工具栏中的【矩形】按钮,或者在命令输入栏中输入"RECTANG",输入矩形起点坐标(0,0),输入矩形终点坐标(297,210),按"Enter"键确认,按"Esc"键退出,如图 4-5 所示。

绘制 A4 图幅的内边框。设置"粗实线"层为当前图层,单击【绘图】工具栏中的【矩形】按钮,或者在命令输入栏中输入"RECTANG",输入矩形起点坐标(10,10),输入矩形终点坐标(287,200),按"Enter"键确认,按"Esc"键退出,如图 4-6 所示。

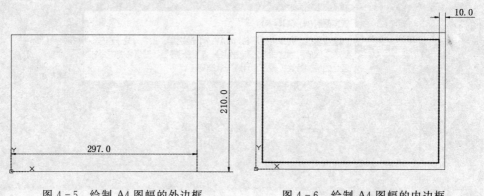

图 4-5　绘制 A4 图幅的外边框　　　　　图 4-6　绘制 A4 图幅的内边框

绘制标题栏。设置"粗实线"层为当前图层,绘制标题栏外边框;设置"细实线"层为当前图层,绘制标题栏内边框,标题栏尺寸请参照"学校制图作业使用标题栏"的规定;设置"文字"层为当前图层,填写标题栏,如图 4-7 所示。

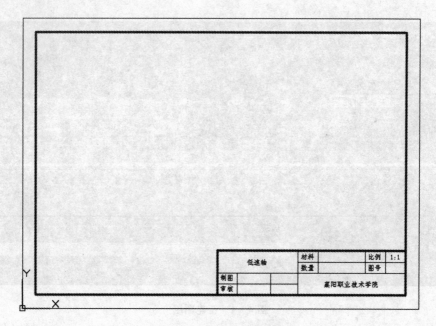

图 4-7　绘制标题栏

4.3.3　绘制中心线

移动坐标系至图框中心位置。单击工具分类栏中的【可视化】按钮,进入【可视化】界面,然后单击【坐标】工具中的【原点】按钮,捕捉图框几何中心为坐标系原点,如图 4-8 所示。

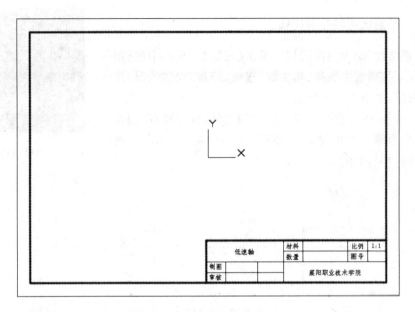

图 4 - 8 移动坐标系至图标中心

设置"中心线"层为当前图层。单击工具分类栏中的【默认】按钮,进入【可视化】界面,单击【图层】工具栏中的【图层控制】按钮,在下拉列表中选择"中心线"选项,即将"中心线"层设置为当前图层,如图 4 - 9 所示。

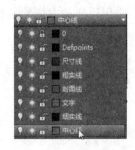

绘制水平方向中心线。在键盘上点击"F8"键打开正交模式,单击【绘图】工具栏中的【构造线】按钮,或者在命令输入栏中输入"XLINE",通过坐标原点(0,0)创建一条水平方向中心线,按鼠标左键确认,如图 4 - 10 所示。

图 4 - 9 选择"中心线"图层

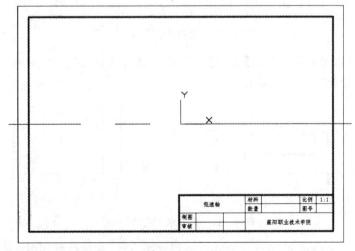

图 4 - 10 绘制水平方向中心线

4.3.4 绘制低速轴外形轮廓

设置"粗实线"层为当前图层。单击【图层】工具栏中的【图层控制】,在下拉列表中选择"粗实线"选项,即将"粗实线"层设置为当前图层,如图 4-11 所示。

绘制长度 10 垂直直线。单击【绘图】工具栏中的【直线】按钮,或者在命令输入栏中输入"LINE",起点坐标(-80,0),终点坐标(-80,10),如图 4-12 所示。

图 4-11 选择"粗实线"图层

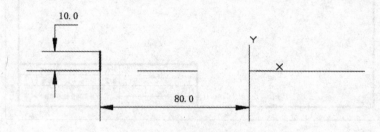

图 4-12 绘制垂直直线(一)

采用同样的方法绘制长度 20,25,32,40,28 的垂直直线,具体位置如图 4-13 所示。

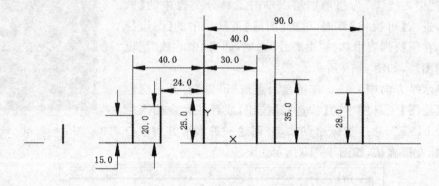

图 4-13 绘制垂直直线(二)

绘制长度 30 水平直线。单击【绘图】工具栏中的【直线】按钮,或者在命令输入栏中输入"LINE",具体位置如图 4-14 所示。

图 4-14 绘制水平直线(一)

采用同样的方法绘长度 16,24,30,10,50 的水平直线,具体位置如图 4-15 所示。

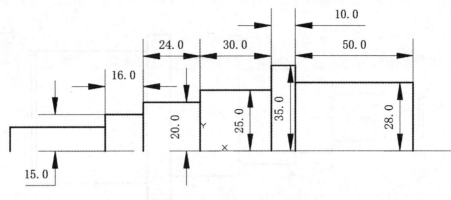

图 4-15 绘制水平直线(二)

创建低速轴的下半部分。单击【修改】工具栏中的【镜像】按钮,或者在命令输入栏中输入"MIRROR",镜像对象拾取低速轴上半部分轮廓线,镜像中心线拾取水平中心线上任意两点,如图 4-16 所示

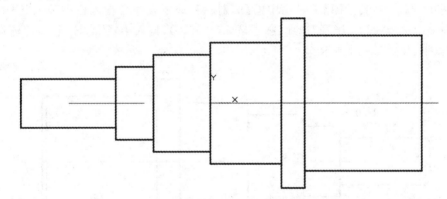

图 4-16 镜像创建轴的下半部分

倒斜角 C2。单击【修改】工具栏中的【倒斜角】按钮,或者在命令输入栏中输入"CHAMFER",输入"D"选择"距离"模式,输入第一倒角距离和第二倒角距离"2",根据低速轴零件图要求选择倒斜角对象,按"Enter"键确认,按"Esc"键退出,如图 4-17 所示。

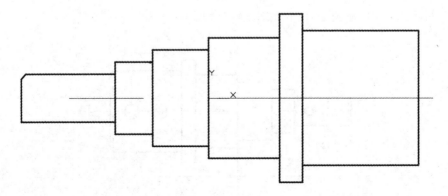

图 4-17 倒斜角(一)

采用同样的方法完成其他部位的倒斜角 C2,并绘制倒角投影线,如图 4 - 18 所示。

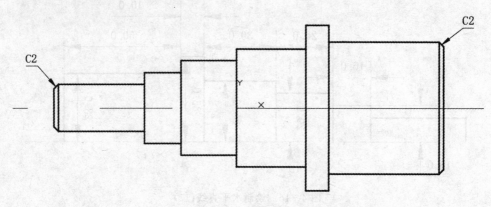

图 4 - 18　倒斜角(二)

4.3.5　绘制低速轴键槽

绘制 $\Phi6$ 圆。单击【绘图】工具栏中的【圆】按钮,或者在命令输入栏中输入"CIRCLE",在下拉列表中选择"圆心,半径"选项,圆心坐标(-65,0),输入半径"3,按"Enter"键确认,按"Esc"键退出,如图 4 - 19 所示。

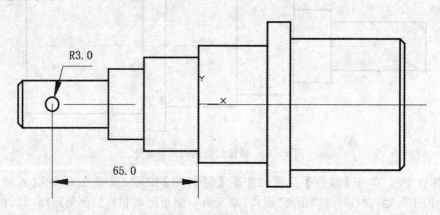

图 4 - 19　绘制 $\Phi6$ 圆

采用同样的方法绘制圆 $\Phi6,\Phi10$,如图 4 - 20 所示

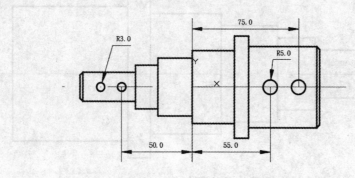

图 4 - 20　绘制 $\Phi6、\Phi10$ 圆

绘制 2 个 $\Phi6$ 圆的共同水平切线。单击【绘图】工具栏中的【直线】按钮,或者在命令输入栏中输入"LINE",起点、终点分别捕捉如图 4 - 20 所示 2 个 $\Phi6$ 圆的象限点,单击鼠标"左"键确认,按"Esc"键退出,如图 4 - 21 所示。

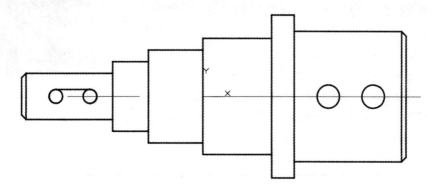

图 4 - 21　绘制 2 个 $\Phi6$ 圆的共同水平切线

采用同样的方法绘制其他水平切线,如图 4 - 22 所示。

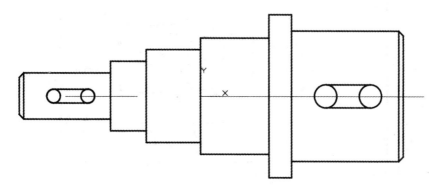

图 4 - 22　绘制其他水平切线

修剪多余的线条。单击【修改】工具栏中的【修剪】按钮,或者在命令输入栏中输入"TRIM",参照低速轴零件图实际修剪多余的线条,如图 4 - 23 所示。

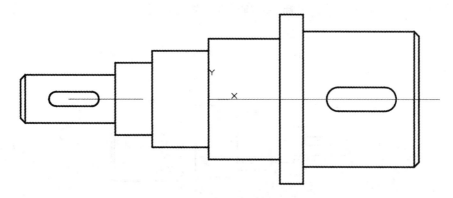

图 4 - 23　修剪多余线条后的效果

4.3.6 绘制低速轴剖切视图

设置"中心线"层为当前图层。单击工具分类栏中的【默认】按钮,进入【可视化】界面,单击【图层】工具栏中的【图层控制】按钮,在下拉列表中选择"中心线"选项,即将"中心线"层设置为当前图层,如图 4-24 所示。

绘制水平方向中心线。在键盘上点击"F8"键打开正交模式,单击【绘图】工具栏中的【构造线】按钮,或者在命令输入栏中输入"XLINE",通过坐标原点(0,0)创建一条水平方向中心线,按鼠标左键确认,如图 4-25 所示。

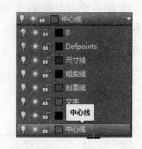

图 4-24 选择中心线图层

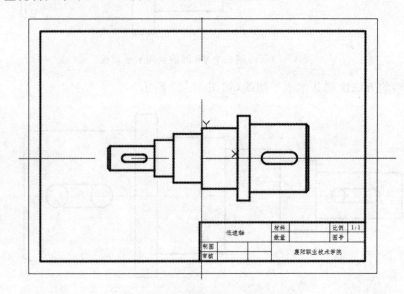

图 4-25 绘制水平方向中心线

绘制水平方向中心线,与坐标原点垂直距离 72。单击【修改】工具栏中的【偏移】按钮,或者在命令输入栏中输入"OFFSET",输入偏移距离"72",拾取如图 4-26 所示水平中心线为偏移对象,偏移方向"Y+",单击鼠标"左"键确认,按"Esc"键退出。

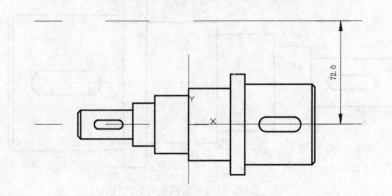

图 4-26 偏移绘制水平中心线

采用同样的方法创建与坐标原点水平距离 57.5、65 垂直方向中心线,如图 4 - 27 所示。

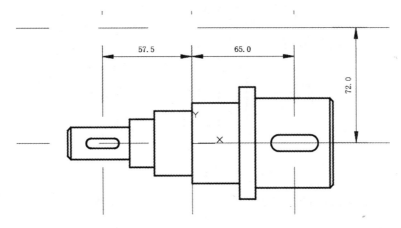

图 4 - 27　偏移绘制垂直方向中心线

绘制低速轴左侧剖切视图,设置"粗实线"层为当前图层。单击【图层】工具栏中的【图层控制】,在下拉列表中选择"粗实线"选项,即将"粗实线"层设置为当前图层,如图 4 - 28 所示。

绘制 Φ20 圆。单击【绘图】工具栏中的【圆】按钮,或者在命令输入栏中输入"CIRCLE",在下拉列表中选择"圆心,半径"选项,捕捉如所示图 4 - 29 交点为圆心,输入半径"10,按"Enter"键确认,按"Esc"键退出,如图 4 - 29 所示。

图 4 - 28　选择粗实线图层

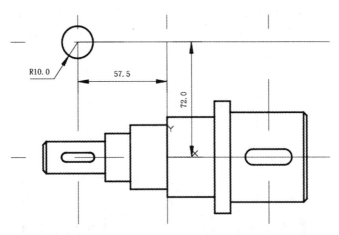

图 4 - 29　绘制 Φ20 圆

绘制水平直线,与坐标原点垂直距离 75。单击【绘图】工具栏中的【直线】按钮,或者在命令输入栏中输入"LINE",起点坐标输入(0,75),向左拖动鼠标到合适位置,单击鼠标"左"键确认,按"Esc"键退出,如图 4 - 30 所示。

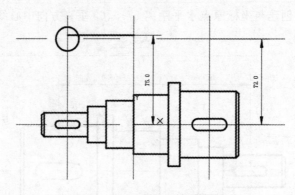

图 4-30　绘制水平直线（一）

采用同样的方法创建与坐标原点垂直距离 69 的水平直线，如图 4-31 所示。也可以用"偏移"创建。

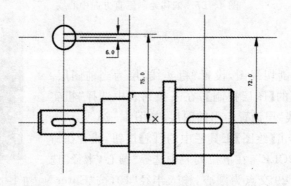

图 4-31　绘制水平直线（二）

绘制垂直直线，与坐标原点水平距离 51.5，单击【绘图】工具栏中的【直线】按钮，或者在命令输入栏中输入"LINE"，起点坐标输入(-51.5,0)，向上拖动鼠标到合适位置，单击鼠标"左"键确认，按"Esc"键退出，如图 4-32 所示。

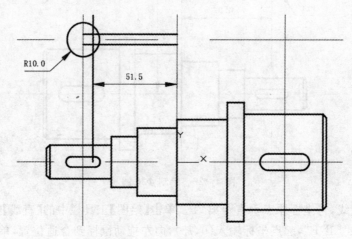

图 4-32　绘制垂直直线

修剪多余的线条。单击【修改】工具栏中的【修剪】按钮,或者在命令输入栏中输入"TRIM",参照低速轴零件图实际修剪多余的线条,如图4-33所示。

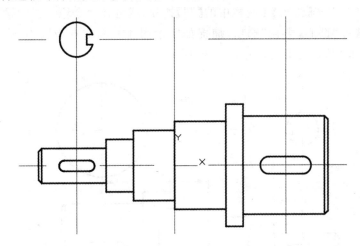

图4-33 修剪多余的线条后的效果

设置"细实线"层为当前图层。单击【图层】工具栏中的【图层控制】,在下拉列表中选择"粗实线"选项,即将"粗实线"层设置为当前图层,如图4-34所示。

绘制剖面线。单击【绘图】工具栏中的【图案填充】按钮,或者在命令输入栏中输入"HATCH",填充图案类型选择"ANSI31",其他选项采用默认设置,图填充边界选择图4-33所示剖切视图轮廓,按"Enter"键确认,按"Esc"键退出,如图4-35所示。

图4-34 选择细实线图层

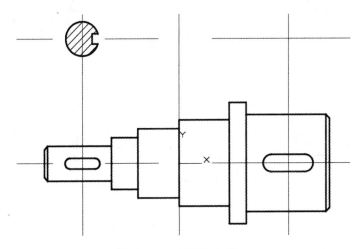

图4-35 绘制剖面线

绘制低速轴右侧剖切视图,设置"粗实线"层为当前图层。单击【图层】工具栏中的【图层控制】,在下拉列表中选择"粗实线"选项,即将"粗实线"层设置为当前图层,如图 4 - 28 所示。

绘制 Φ20 圆。单击【绘图】工具栏中的【圆】按钮,或者在命令输入栏中输入"CIRCLE", 在下拉列表中选择"圆心,半径"选项,捕捉如所示图 4 - 36 交点为圆心,输入半径"28,按 "Enter"键确认,按"Esc"键退出,如图 4 - 36 所示。

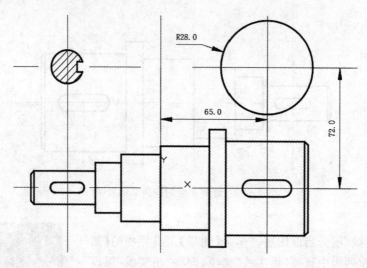

图 4 - 36　绘制 Φ20 圆

绘制水平直线,与坐标原点垂直距离 77。单击【绘图】工具栏中的【直线】按钮,或者在命令输入栏中输入"LINE",起点坐标输入(0,77),向右拖动鼠标到合适位置,单击鼠标"左"键确认,按"Esc"键退出,如图 4 - 37 所示。

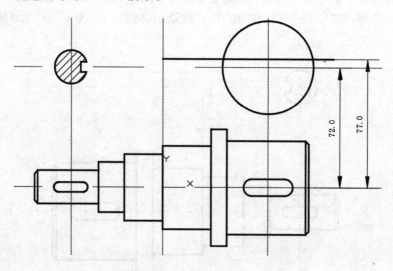

图 4 - 37　绘制水平直线(一)

采用同样的方法创建与坐标原点垂直距离 67 的水平直线,如图 4 - 38 所示。也可以用"偏移"创建。

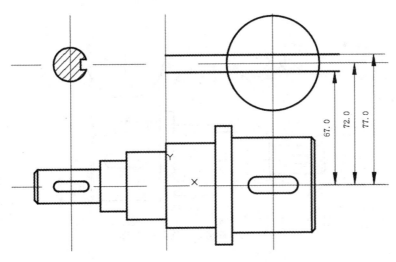

图 4-38 绘制水平直线(二)

绘制垂直直线,与坐标原点水平距离 51.5,单击【绘图】工具栏中的【直线】按钮,或者在命令输入栏中输入"LINE",起点坐标输入(88,0),向上拖动鼠标到合适位置,单击鼠标"左"键确认,按"Esc"键退出,如图 4-39 所示。

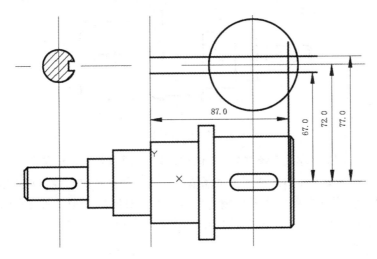

图 4-39 绘制垂直直线

修剪多余的线条。单击【修改】工具栏中的【修剪】按钮,或者在命令输入栏中输入"TRIM",参照低速轴零件图实际修剪多余的线条,如图 4-40 所示。

设置"细实线"层为当前图层。单击【图层】工具栏中的【图层控制】,在下拉列表中选择"粗实线"选项,即将"粗实线"层设置为当前图层,如图 4-34 所示。

绘制剖面线。单击【绘图】工具栏中的【图案填充】按钮,或者在命令输入栏中输入"HATCH",填充图案类型选择"ANSI31",其他选项采用默认设置,图填充边界选择图 4-40 所示剖切视图轮廓,按"Enter"键确认,按"Esc"键退出,如图 4-41 所示。

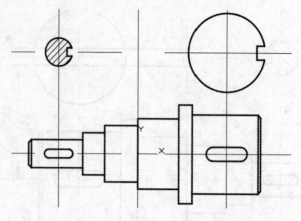

图 4 - 40   修剪多余线条后效果

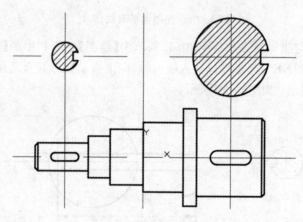

图 4 - 41   绘制剖面线

修剪多余的中心线。单击【修改】工具栏中的【打断】按钮,或者在命令输入栏中输入 "BREAK",根据低速轴零件图轮廓实际情况选择合适位置打断中心线。单击【修改】工具栏中的【删除】按钮,或者在命令输入栏中输入"ERASE",根据低速轴零件图际选择删除多余的中心线,按"Enter"键确认,按"Esc"键退出,如图 4 - 42 所示。

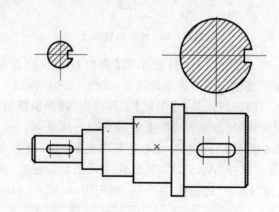

图 4 - 42   修剪多余中心线后的效果

4.3.7 标注零件尺寸

设置"尺寸线"层为当前图。单击【图层】工具栏中的【图层控制】,在下拉列表中选择"尺寸线"选项,即将"尺寸线"层设置为当前图层,如图4-43所示。

设置尺寸标注样式。请参照"项目一"和"机械制图"国标规定进行尺寸标注样式设置,这里就不在赘述。

标注线性尺寸15.0。单击【注释】工具栏中的【线性】按钮,或者在命令输入栏中输入"DIMLINEAR",参照低速轴零件图实际选择对应的两条轮廓线完成线性尺寸15.0标注,如图4-44所示。

图4-43 选择尺寸线图层

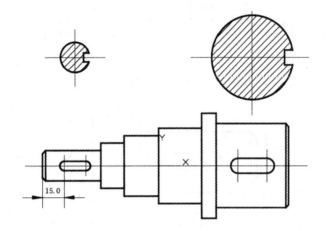

图4-44 标注线性尺寸(一)

采用同样的方法标注其他线性尺寸,如图4-45所示。

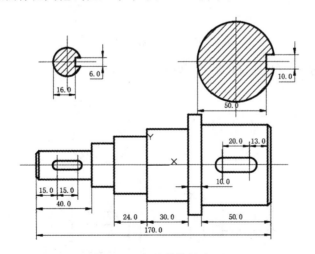

图4-45 标注线性尺寸(二)

标注直径尺寸Φ20.0。单击【注释】工具栏中的【线性】按钮,或者在命令输入栏中输入

"DIMLINEAR",参照低速轴零件图实际选择对应的两条轮廓线完成线性尺寸 20.0 标注,如图 4-46 所示。然后双击线性尺寸 20.0 进入边界模式,在线性尺寸 20.0 前面单击鼠标"右键",选择添加"直径"符号,按"Esc"键退出,如图 4-47 所示。

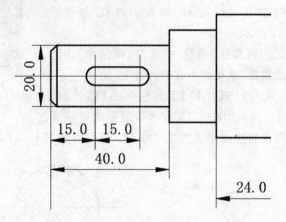

图 4-46 标注直径尺寸(一)

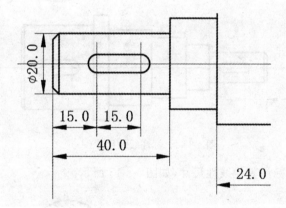

图 4-47 标注直径尺寸(二)

采用同样的方法标注其他直径尺寸,如图 4-48 所示。

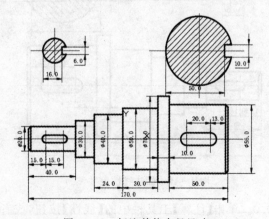

图 4-48 标注其他直径尺寸

标注倒斜角尺寸 C2。单击【注释】工具栏中的【引线】按钮,或者在命令输入栏中输入"MLEADER",起始点选择倒斜角边上任意一点,移动鼠标到合适位置,单击鼠标"左"键,按"Esc"键退出,完成引线创建;然后单击【注释】工具栏中的【多行文字】按钮,选择引线的水平线为文字的创建位置,输入"C2",如图 4-49 所示。

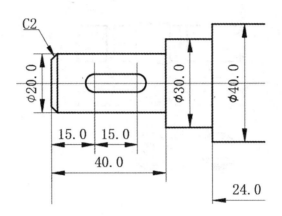

图 4-49 标注倒角斜角尺寸(一)

采用同样的方法标注其他倒斜角尺寸,如图 4-50 所示。

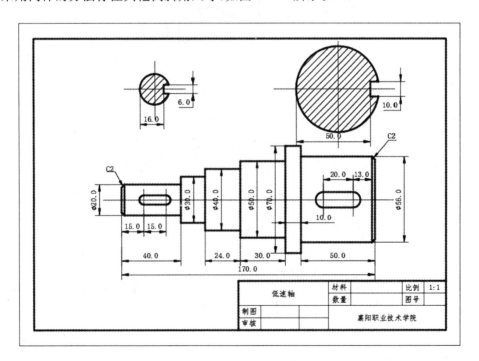

图 4-50 标注倒斜角尺寸(二)

4.3.9 保存

至此完成低速轴零件图的绘制,单击标题栏中【保存】按钮,保存所有数据。

4.4 拓展训练

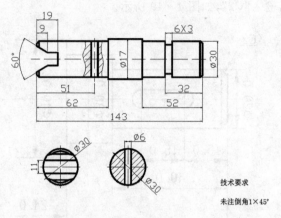

技术要求

未注倒角1×45°

图 4-51 拓展训练 1

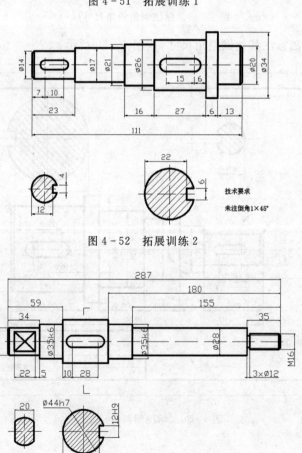

技术要求

未注倒角1×45°

图 4-52 拓展训练 2

图 4-53 拓展训练 3

任务 5　定位套零件图绘制

5.1　任务要求

要求运用 AutoCAD2016 绘制图 5-1 所示定位套零件图,按照标注尺寸 1∶1 绘制,并标注尺寸。

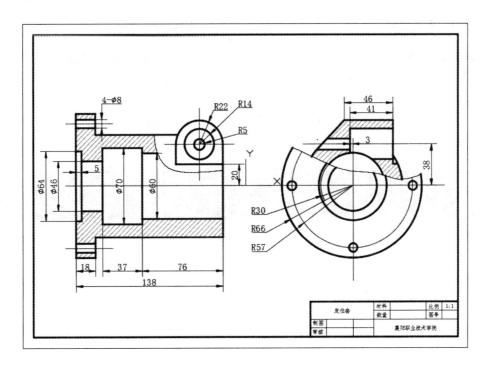

图 5-1　定位套零件图

5.2　知识目标和能力目标

5.2.1　知识目标

(1)熟练掌握图层的设置方法及操作步骤;

（2）熟练掌握直线、圆、图样填充等绘图工具的运用；

（3）熟练掌握打断、修剪、倒圆角、偏移等修改工具的运用；

（4）熟练掌握尺寸标注样式的设置方法及尺寸标注；

（5）熟练掌握端点、中点、圆心等对象捕捉命令的运用；

（6）熟练掌握轴套类零件图的绘制方法和思路。

5.2.2 能力目标

能够综合运用所学并按照要求完成较复杂轴套类零件图的绘制及尺寸标注。

5.3 实施过程

5.3.1 新建文件

启动 AutoCAD2016。双击电脑桌面上 AutoCAD2016 的快捷方式图标，或者执行"开始"→"所有程序"→"Autodesk"→"Autodesk2016－简体中文"→"Autodesk2016－简体中文"命令，启动 AutoCAD2016 中文版。

新建文件。单击【标题栏】中【文件】按钮，在下拉列表中选择"新建"，或者单击【标题栏】中【新建】按钮，新建一个文件，将其保存为"定位套.dwg"，如图 5－2 所示。

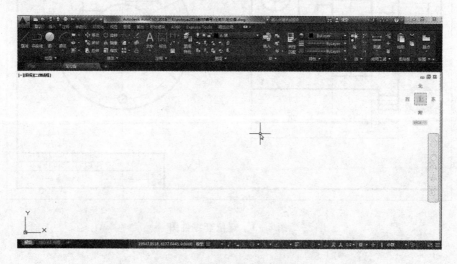

图 5－2 新建"定位套"文件

5.3.2 设定图层

单击【图层】工具栏中的【图层特性】按钮，或者在命令输入栏中输入"LAYER"，弹出【图层特性管理器】对话框，如图 5－3 所示；根据绘制定位套零件图需要在【图层特性管理器】中添加图层，设置名称、颜色、线性、线宽等图层参数，如图 5－4 所示。

图 5-3　"图层特性管理器"对话框

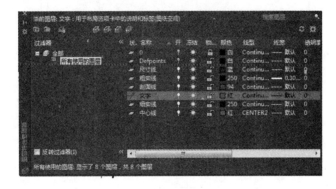

图 5-4　新建图层

5.3.3　设置图幅

绘制 A3 图幅的外边框。设置"细实线"层为当前图层,单击【绘图】工具栏中的【矩形】按钮,或者在命令输入栏中输入"RECTANG",输入矩形起点坐标(0,0),输入矩形终点坐标(420,297),按"Enter"键确认,按"Esc"键退出,如图 5-5 所示。

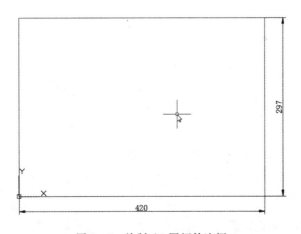

图 5-5　绘制 A3 图幅外边框

绘制 A3 图幅的内边框。设置"粗实线"层为当前图层,单击【绘图】工具栏中的【矩形】按钮,或者在命令输入栏中输入"RECTANG",输入矩形起点坐标(10,10),输入矩形终点坐标410,287),按"Enter"键确认,按"Esc"键退出,如图 5-6 所示。

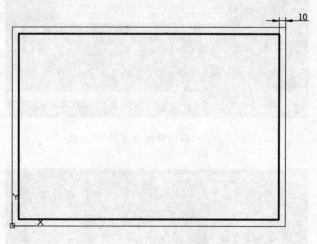

图 5-6 绘制 A3 图幅内边框

绘制标题栏。设置"粗实线"层为当前图层,绘制标题栏外边框;设置"细实线"层为当前图层,绘制标题栏内边框,标题栏尺寸请参照"学校制图作业使用标题栏"的规定;设置"文字"层为当前图层,填写标题栏,如图 5-7 所示。

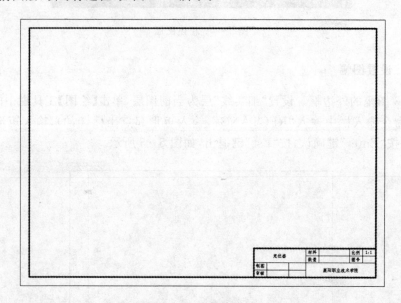

图 5-7 绘制标题栏

5.3.4 绘制中心线

移动坐标系至图框中心位置。单击工具分类栏中的【可视化】按钮,进入【可视化】界面,然后单击【坐标】工具中的【原点】按钮,捕捉图框几何中心为坐标系原点,如图 5-8 所示。

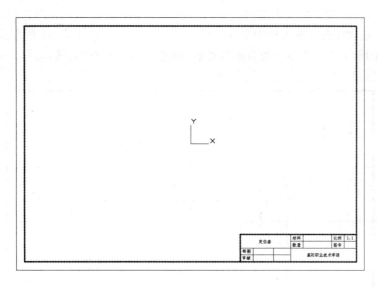

图 5-8 移动坐标系至图框中心

设置"中心线"层为当前图层。单击工具分类栏中的【默认】按钮,进入【可视化】界面,单击【图层】工具栏中的【图层控制】按钮,在下拉列表中选择"中心线"选项,即将"中心线"层设置为当前图层,如图 5-9 所示。

绘制水平和垂直方向中心线。在键盘上点击"F8"键打开正交模式,单击【绘图】工具栏中的【构造线】按钮,或者在命令输入栏中输入"XLINE",通过坐标原点(0,0)分别创建水平和垂直方方向中心线,按鼠标左键确认,如图 5-10 所示。

图 5-9 选择中心线图层

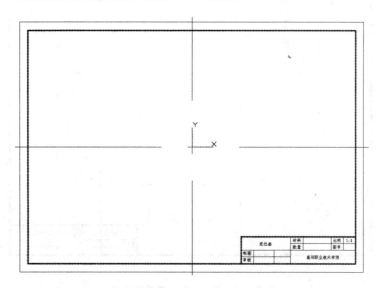

图 5-10 绘制中心线

　　根据定位套零件图实际及视图均匀布局原则,绘制其他中心直线。单击【修改】工具栏中的【偏移】按钮,或者在命令输入栏中输入"OFFSET",分别输入如图 5-11 所示偏移距离,拾取图 5-10 所示的水平或垂直中心线为偏移对象,创建水平或垂直中心线,如图 5-11 所示。

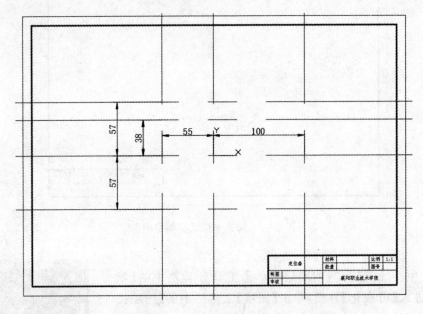

图 5-11　偏移其他中心线

　　绘制 Φ114 圆弧中心线。单击【绘图】工具栏中的【圆】按钮,或者在命令输入栏中输入"CIRCLE",在下拉列表中选择"圆心,半径"选项,圆心位置捕捉如图 5-12 所示,输入半径"57,按"Enter"键确认,按"Esc"键退出,如图 5-12 所示。

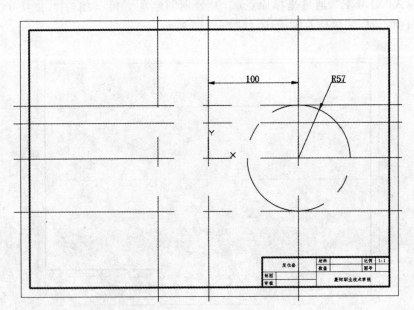

图 5-12　绘制 Φ114 圆弧中心线

5.3.5 绘制定位套主视图外形轮廓

设置"粗实线"层为当前图层。单击【图层】工具栏中的【图层控制】,在下拉列表中选择"粗实线"选项,即将"粗实线"层设置为当前图层,如图5-13所示。

图5-13 选择粗实线图层

绘制 $\Phi44$ 圆弧。单击【绘图】工具栏中的【圆】按钮,或者在命令输入栏中输入"CIRCLE",在下拉列表中选择"圆心,半径"选项,圆心位置捕捉如图5-14所示,输入半径"22,按"Enter"键确认,按"Esc"键退出,如图5-14所示。

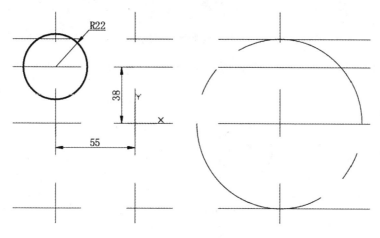

图5-14 绘制 $\Phi44$ 弧

采用同样的方法绘制 $\Phi44$ 的同心圆 $\Phi28,\Phi10$,如图5-15所示。

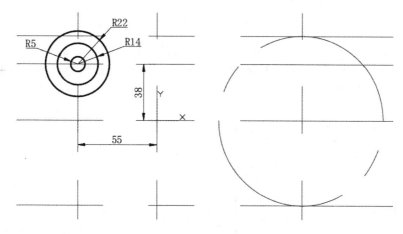

图5-15 绘制同心圆

绘制垂直直线,与坐标原点水平距离33,即 $\Phi44$ 圆的垂直切线。单击【绘图】工具栏中的【直线】按钮,或者在命令输入栏中输入"LINE",起点坐标(-33,100),向下移动鼠标至合适位置,单击鼠标"左"键确认,按"Esc"键退出,如图5-16所示。

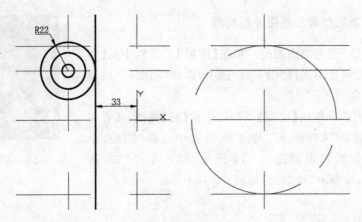

图 5-16 绘制垂直直线(一)

采用同样的方法绘制其他 2 条垂直直线,如图 5-17 所示。也可采用"偏移"的方法创建。

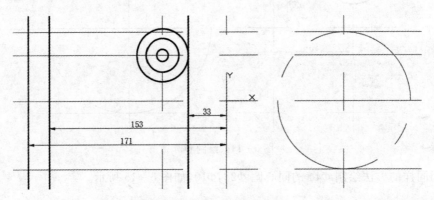

图 5-17 绘制垂直直线(二)

绘制水平直线,与坐标原点垂直距离 47。单击【绘图】工具栏中的【直线】按钮,或者在命令输入栏中输入"LINE",起点坐标输入(0,-47),向右移动鼠标至合适位置,单击鼠标"左"键确认,按"Esc"键退出,如图 5-18 所示。

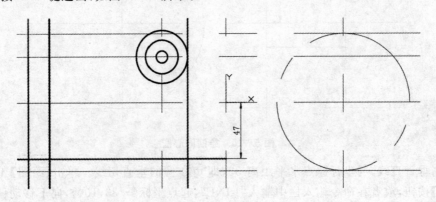

图 5-18 绘制水平直线(一)

采用同样的方法绘制其他 3 条水平直线,如图 5-19 所示。也可采用"偏移"的方法创建。

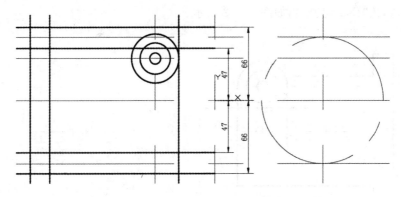

图 5-19　绘制水平直线(二)

修剪多余的线条。单击【修改】工具栏中的【修剪】按钮,或者在命令输入栏中输入"TRIM",参照定位套零件图实际修剪多余的线条,如图 5-20 所示。

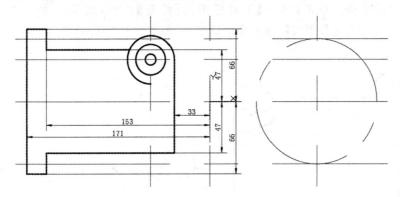

图 5-20　修剪多余线条后的效果

绘制垂直直线,与坐标原点水平距离 77,即 Φ44 圆的垂直切线。单击【绘图】工具栏中的【直线】按钮,或者在命令输入栏中输入"LINE",起点坐标捕捉 Φ44 圆象限点,向下移动鼠标至合适位置,单击鼠标"左"键确认,按"Esc"键退出,如图 5-21 所示。

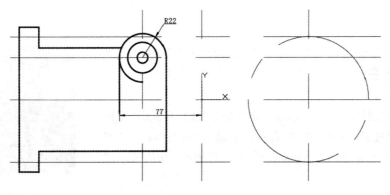

图 5-21　绘制垂直直线

绘制水平直线，与坐标原点水平距离30。单击【绘图】工具栏中的【直线】按钮，或者在命令输入栏中输入"LINE"，起点坐标起点坐标输入(30,0)，向右移动鼠标至合适位置，单击鼠标"左"键确认，按"Esc"键退出，如图5－22所示。

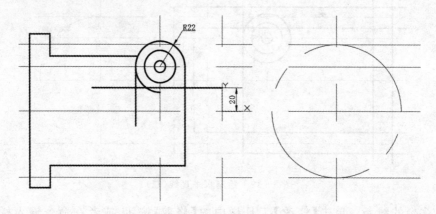

图5－22　绘制水平直线

修剪多余的线条。单击【修改】工具栏中的【修剪】按钮，或者在命令输入栏中输入"TRIM"，参照定位套零件图实际修剪多余的线条，如图5－23所示。

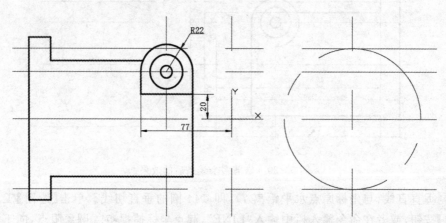

图5－23　修剪多余线条后的效果

设置"细实线"层为当前图层。单击【图层】工具栏中的【图层控制】，在下拉列表中选择"细实线"选项，即将"细实线"层设置为当前图层，如图5－24所示。

绘制局部剖切视图的剖切线。单击【绘图】工具栏中的【样条曲线拟合】按钮，或者在命令输入栏中输入"SPLINE"，参照定位套零件图实际选择合适的位置绘制剖切线，如图5－25所示。

图5－24　选择细实线图层

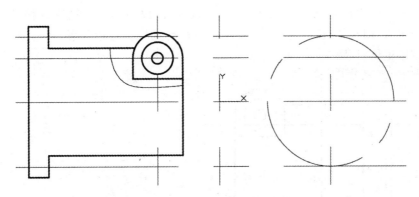

图 5-25　绘制局部剖切视图的剖切线

　　设置"粗实线"层为当前图层。单击【图层】工具栏中的【图层控制】,在下拉列表中选择"粗实线"选项,即将"粗实线"层设置为当前图层,如图 5-13 所示。

　　绘制垂直直线,与坐标原点水平距离 109。单击【绘图】工具栏中的【直线】按钮,或者在命令输入栏中输入"LINE",起点坐标(-109,100),向下移动鼠标至合适位置,单击鼠标"左"键确认,按"Esc"键退出,如图 5-26 所示。

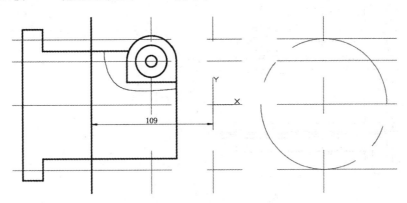

图 5-26　绘制垂直直线(一)

　　采用同样的方法绘制其他两条垂直直线,如图 5-27 所示。也可采用"偏移"的方法创建。

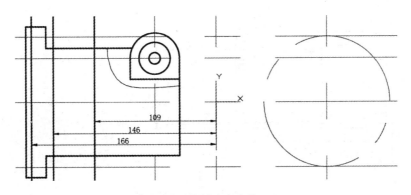

图 5-27　绘制垂直直线(二)

　　绘制水平直线,与坐标原点垂直距离30。单击【绘图】工具栏中的【直线】按钮,或者在命令输入栏中输入"LINE",起点坐标(0,30),向左移动鼠标至合适位置,单击鼠标"左"键确认,按"Esc"键退出,如图5-28所示。

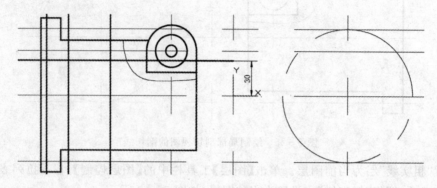

图 5-28　绘制水平直线(一)

　　采用同样的方法绘制其他 7 条水平直线,如图 5-29 所示。也可采用"偏移"的方法创建。

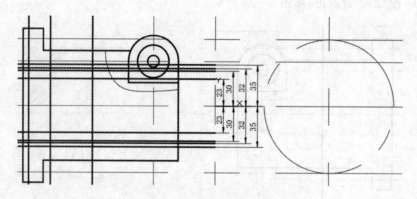

图 5-29　绘制水平直线(二)

　　修剪多余的线条。单击【修改】工具栏中的【修剪】按钮,或者在命令输入栏中输入"TRIM",参照定位套零件图实际修剪多余的线条,如图 5-30 所示。

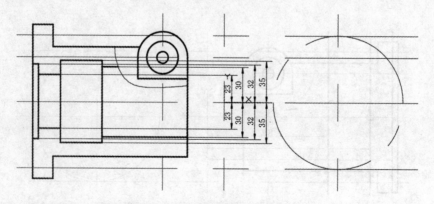

图 5-30　修剪多余线条后的效果

绘制水平直线,与坐标原点垂直距离61。单击【绘图】工具栏中的【直线】按钮,或者在命令输入栏中输入"LINE",起点坐标(0,61),向左移动鼠标至合适位置,单击鼠标"左"键确认,按"Esc"键退出,如图5-31所示。

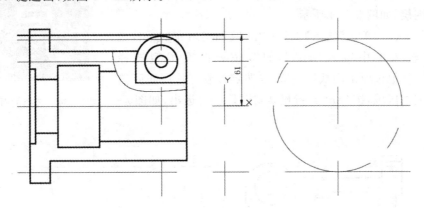

图5-31　绘制水平直线(一)

采用同样的方法绘制其他3条水平直线,如图5-32所示。也可采用"偏移"的方法创建。

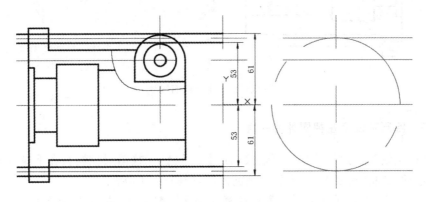

图5-32　绘制水平直线(二)

修剪多余的线条。单击【修改】工具栏中的【修剪】按钮,或者在命令输入栏中输入"TRIM",参照定位套零件图实际修剪多余的线条,如图5-33所示。

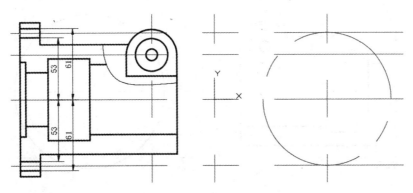

图5-33　修剪多余线条后的效果

设置"剖面线"层为当前图层。单击【图层】工具栏中的【图层控制】,在下拉列表中选择"剖面线"选项,即将"剖面线"层设置为当前图层,如图 5-34 所示。

绘制剖面线。单击【绘图】工具栏中的【图案填充】按钮,或者在命令输入栏中输入"HATCH",填充图案类型选择"ANSI31",其他选项采用默认设置,参照定位套零件图实际选择剖面线创建区域,按"Enter"键确认,按"Esc"键退出,如图 5-35 所示。

图 5-34 选择剖面线图层

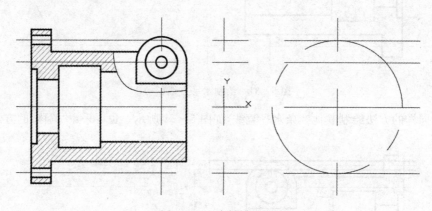

图 5-35 绘制剖面线

5.3.6 绘制定位套左视图外形轮廓

设置"粗实线"层为当前图层。单击【图层】工具栏中的【图层控制】,在下拉列表中选择"粗实线"选项,即将"粗实线"层设置为当前图层,如图 5-13 所示。

绘制 Φ132 圆弧。单击【绘图】工具栏中的【圆】按钮,或者在命令输入栏中输入"CIRCLE",在下拉列表中选择"圆心,半径"选项,圆心位置捕捉如所示,输入半径"66,按"Enter"键确认,按"Esc"键退出,如图 5-36 所示。

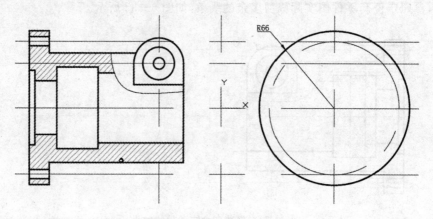

图 5-36 绘制 Φ132 圆弧

采用同样的方法绘制 3 个同心圆,半径为 $R23$,$R32$,$R66$,如图 5-37 所示。

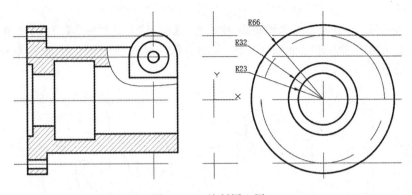

图 5-37　绘制同心圆

设置"细实线"层为当前图层。单击【图层】工具栏中的【图层控制】,在下拉列表中选择"细实线"选项,即将"细实线"层设置为当前图层,如图 5-24 所示。

绘制局部剖切视图的剖切线。单击【绘图】工具栏中的【样条曲线拟合】按钮,或者在命令输入栏中输入"SPLINE",参照定位套零件图实际选择合适的位置绘制剖切线,如图 5-38 所示。

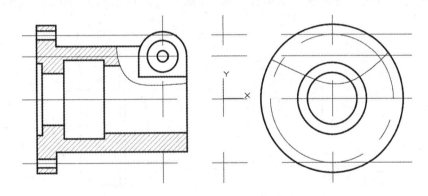

图 5-38　绘制局部剖切视图的剖切线

修剪多余的线条。单击【修改】工具栏中的【修剪】按钮,或者在命令输入栏中输入"TRIM",参照定位套零件图实际修剪多余的线条,如图 5-39 所示。

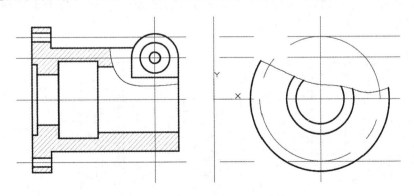

图 5-39　修剪多余线条后的效果

　　设置"粗实线"层为当前图层。单击【图层】工具栏中的【图层控制】,在下拉列表中选择"粗实线"选项,即将"粗实线"层设置为当前图层,如图 5-13 所示。

　　绘制垂直直线,与坐标原点水平距离 97。单击【绘图】工具栏中的【直线】按钮,或者在命令输入栏中输入"LINE",起点坐标(97,100),向下移动鼠标至合适位置,单击鼠标"左"键确认,按"Esc"键退出,如图 5-40 所示。

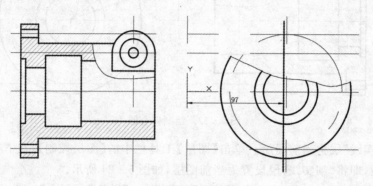

图 5-40　绘制垂直直线(一)

　　采用同样的方法绘制其他两条垂直直线,如图 5-29 所示。也可采用"偏移"的方法创建。

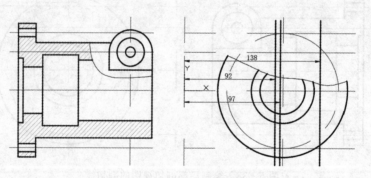

图 5-41　绘制垂直直线(二)

　　绘制水平直线,与坐标原点垂直距离 33。单击【绘图】工具栏中的【直线】按钮,或者在命令输入栏中输入"LINE",起点坐标(0,33),向右移动鼠标至合适位置,单击鼠标"左"键确认,按"Esc"键退出,如图 5-42 所示。

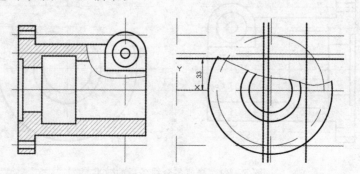

图 5-42　绘制水平直线(一)

采用同样的方法绘制其他 4 条水平直线,如图 5-43 所示。也可采用"偏移"的方法创建。

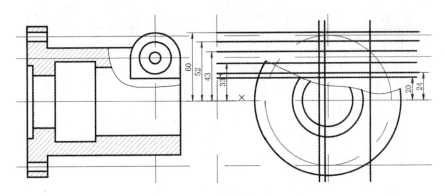

图 5-43 绘制水平直线(二)

绘制 Φ60 圆弧。单击【绘图】工具栏中的【圆】按钮,或者在命令输入栏中输入"CIRCLE",在下拉列表中选择"圆心,半径"选项,圆心位置捕捉如图 5-44 所示,输入半径"30,按"Enter"键确认,按"Esc"键退出,如图 5-44 所示。

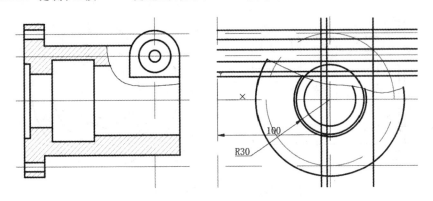

图 5-44 绘制 Φ60 圆弧

采用同样的方法绘制 Φ60 的同心圆 Φ94,如图 5-45 所示。

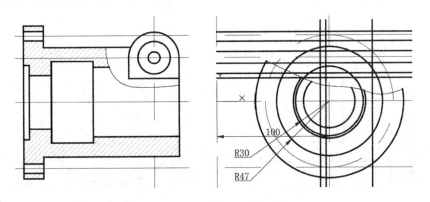

图 5-45 绘制 Φ94 同心圆

　　修剪部分多余的线条。单击【修改】工具栏中的【修剪】按钮,或者在命令输入栏中输入"TRIM",参照定位套零件图实际修剪多余的线条,如图 5－46 所示。

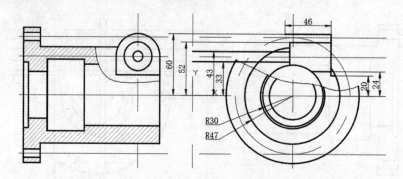

图 5－46　修剪多余线条后的效果

　　绘制 Φ94 圆的切线。单击【绘图】工具栏中的【直线】按钮,或者在命令输入栏中输入"LINE",起点捕捉如所示直线的左侧端点,终点捕捉 Φ94 圆上切点,单击鼠标"左"键确认,按"Esc"键退出,如图 5－47 所示。

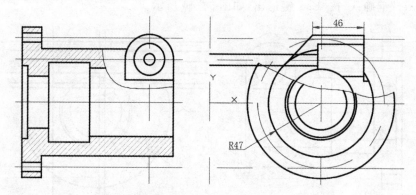

图 5－47　绘制 Φ94 圆的切线

　　修剪部分多余的线条。单击【修改】工具栏中的【修剪】按钮,或者在命令输入栏中输入"TRIM",参照定位套零件图实际修剪多余的线条,如图 5－48 所示。

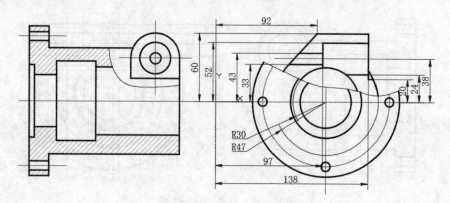

图 5－48　修剪部分多余线条后的效果

绘制 Φ8 圆。单击【绘图】工具栏中的【圆】按钮,或者在命令输入栏中输入"CIRCLE",在下拉列表中选择"圆心,半径"选项,圆心位置捕捉如图 5-49 所示,输入半径"4,按"Enter"键确认,按"Esc"键退出,如图 5-49 所示。

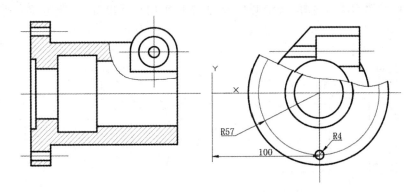

图 5-49 绘制 Φ8 圆

采用同样的方法绘制另外 2 个 Φ8 圆,如图 5-50 所示。

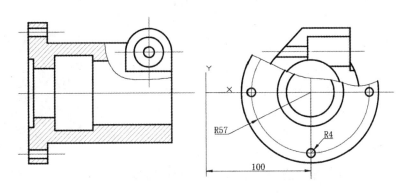

图 5-50 绘制另外 2 个 Φ8 圆

修剪多余的中心线。单击【修改】工具栏中的【打断】按钮,或者在命令输入栏中输入"BREAK",根据定位套零件图轮廓实际情况选择合适位置打断中心线。单击【修改】工具栏中的【删除】按钮,或者在命令输入栏中输入"ERASE",根据定位套零件图实际情况选择删除多余的中心线,按"Enter"键确认,按"Esc"键退出,如图 5-51 所示。

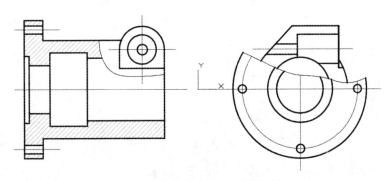

图 5-51 修剪多余中心线后的效果

设置"剖面线"层为当前图层。单击【图层】工具栏中的【图层控制】,在下拉列表中选择"剖面线"选项,即将"剖面线"层设置为当前图层,如图5-34所示。

绘制剖面线。单击【绘图】工具栏中的【图案填充】按钮,或者在命令输入栏中输入"HATCH",填充图案类型选择"ANSI31",其他选项采用默认设置,参照定位套零件图实际选择剖面线创建区域,按"Enter"键确认,按"Esc"键退出,如图5-52所示。

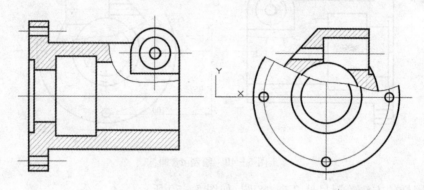

图5-52 绘制剖面线

5.3.7 标注零件尺寸

设置"尺寸线"层为当前图。单击【图层】工具栏中的【图层控制】,在下拉列表中选择"尺寸线"选项,即将"尺寸线"层设置为当前图层,如图5-53所示。

设置尺寸标注样式。请参照"项目一"和"机械制图"国标规定进行尺寸标注样式设置,这里就不在赘述。

标注线性尺寸15.0。单击【注释】工具栏中的【线性】按钮,或者在命令输入栏中输入"DIMLINEAR",参照定位套零件图实际选择对应的两条轮廓线完成线性尺寸15.0标注,如图5-54所示。

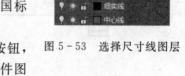

图5-53 选择尺寸线图层

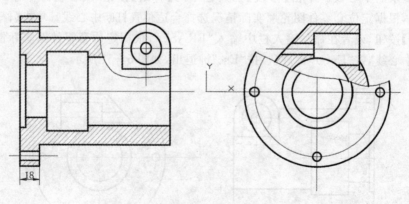

图5-54 标注线性尺寸(一)

采用同样的方法标注其他线性尺寸,如图5-55所示。

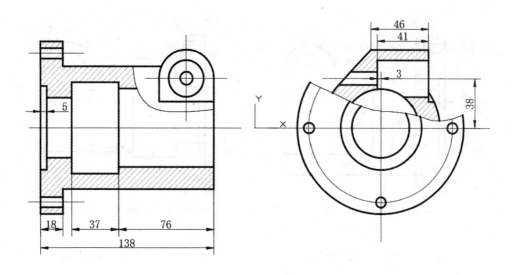

图 5-55 标注线性尺寸(二)

标注直径尺寸 Φ46.0。单击【注释】工具栏中的【线性】按钮,或者在命令输入栏中输入"DIMLINEAR",参照定位套零件图实际选择对应的两条轮廓线完成线性尺寸 46.0 标注,如图 5-56 所示。然后双击线性尺寸 46.0 进入编辑模式,在线性尺寸 46.0 前面单击鼠标"右键",选择添加"直径"符号,按"Esc"键退出,如图 5-57 所示。

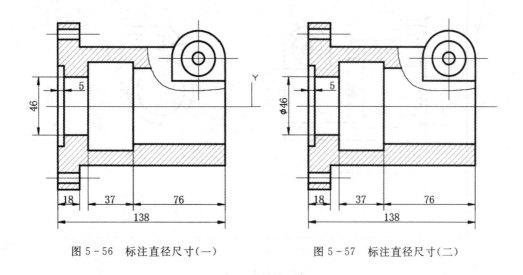

图 5-56 标注直径尺寸(一)　　　　　图 5-57 标注直径尺寸(二)

采用同样的方法标注其他直径尺寸,如图 5-58 所示。

标注半径尺寸 R22.0。单击【注释】工具栏中的【半径】按钮,或者在命令输入栏中输入"DIMRADIUS",参照定位套零件图实际选择对应的轮廓线完成半径尺寸 R22.0 标注,如图 5-59 所示。

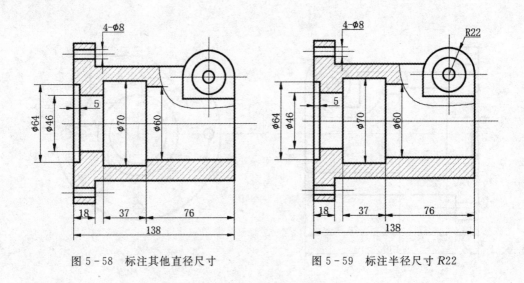

图 5-58 标注其他直径尺寸   图 5-59 标注半径尺寸 R22

采用同样的方法标注其他半径尺寸,如图 5-60 所示。

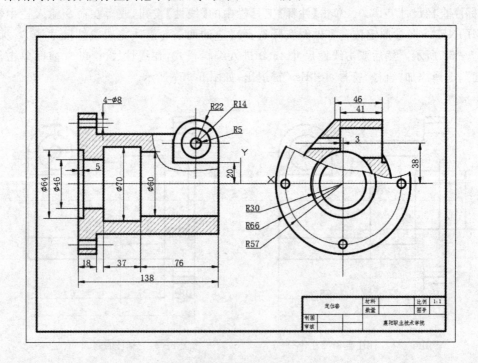

图 5-60 标注其他半径尺寸

5.3.8 保存

至此完成定位套零件图的绘制,单击标题栏中【保存】按钮,保存所有数据。

5.4 拓展训练

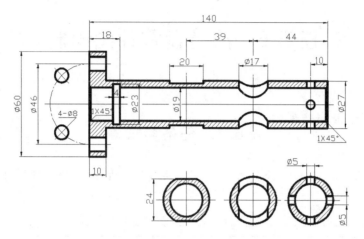

图 5-61 拓展训练 1

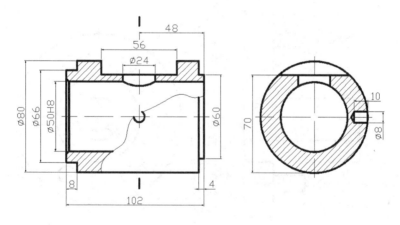

图 5-62 拓展训练 2

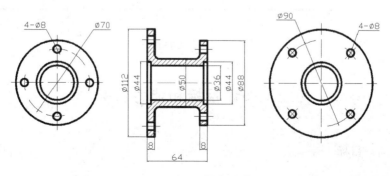

图 5-63 拓展训练 3

项目三 轮盘类零件图绘制

任务6 法兰盘零件图绘制

6.1 任务要求

要求运用 AutoCAD2016 绘制图 6-1 所示法兰盘零件图,按照标注尺寸 1∶1 绘制,并标注尺寸。

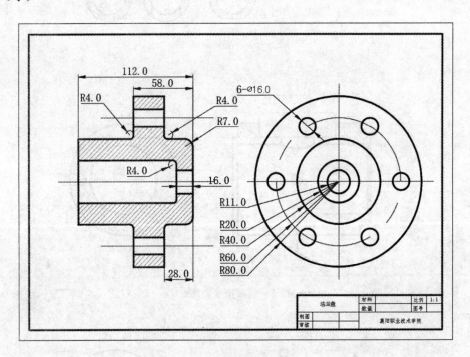

图 6-1 法兰盘零件图

6.2 知识目标和能力目标

6.2.1 知识目标

(1)熟练掌握图层的设置方法及操作步骤;

（2）熟练掌握直线、圆、图样填充、构造线等绘图工具的运用；

（3）熟练掌握打断、修剪、倒圆角、偏移、阵列等修改工具的运用；

（4）熟练掌握尺寸标注样式的设置方法及各类型尺寸标注；

（5）熟练掌握端点、中点、圆心等对象捕捉命令的运用；

（6）熟练掌握轮盘类零件图的绘制方法和思路。

6.2.2　能力目标

能够综合运用所学并按照要求完成简单轮盘类零件图的绘制及尺寸标注。

6.3　实施过程

6.3.1　新建文件

启动 AutoCAD2016。双击电脑桌面上 AutoCAD2016 的快捷方式图标，或者执行"开始"→"所有程序"→"Autodesk"→"Autodesk2016－简体中文"→"Autodesk2016－简体中文"命令，启动 AutoCAD2016 中文版。

新建文件。单击【标题栏】中【文件】按钮，在下拉列表中选择"新建"，或者单击【标题栏】中【新建】按钮，新建一个文件，将其保存为"法兰盘.dwg"，如图 6-2 所示。

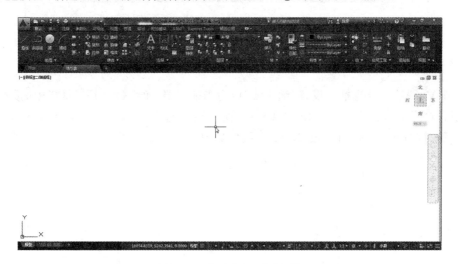

图 6-2　新建"法兰盘"文件

6.3.2　设定图层

单击【图层】工具栏中的【图层特性】按钮，或者在命令输入栏中输入"LAYER"，弹出【图层特性管理器】对话框，如图 6-3 所示；根据绘制法兰盘零件图需要在【图层特性管理器】中添加图层，设置名称、颜色、线性、线宽等图层参数，如图 6-4 所示。

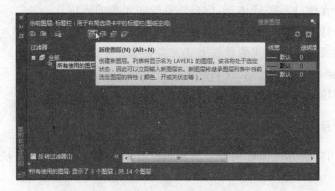

图 6-3 "图层特性管理器"对话框

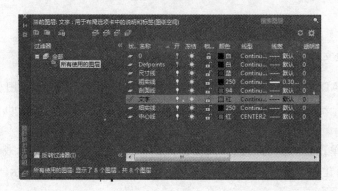

图 6-4 新建图层

6.3.3 设置图幅

绘制 A3 图幅的外边框。设置"细实线"层为当前图层，单击【绘图】工具栏中的【矩形】按钮，或者在命令输入栏中输入"RECTANG"，输入矩形起点坐标(0,0)，输入矩形终点坐标(420,297)，按"Enter"键确认，按"Esc"键退出，如图 6-5 所示。

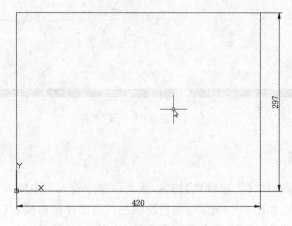

图 6-5 绘制 A3 图幅外边框

绘制 A3 图幅的内边框。设置"粗实线"层为当前图层,单击【绘图】工具栏中的【矩形】按钮,或者在命令输入栏中输入"RECTANG",输入矩形起点坐标(10,10),输入矩形终点坐标410,287),按"Enter"键确认,按"Esc"键退出,如图 6-6 所示。

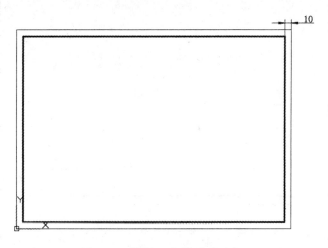

图 6-6　绘制 A3 图幅的内边框

绘制标题栏。设置"粗实线"层为当前图层,绘制标题栏外边框;设置"细实线"层为当前图层,绘制标题栏内边框,标题栏尺寸请参照"学校制图作业使用标题栏"的规定;设置"文字"层为当前图层,填写标题栏,如图 6-7 所示。

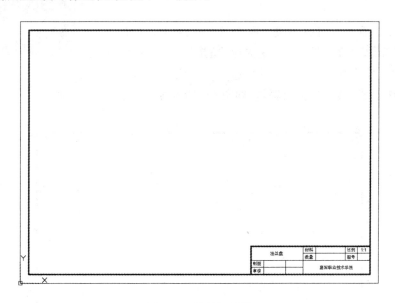

图 6-7　绘制标题栏

6.3.4　绘制中心线

移动坐标系至图框中心位置。单击工具分类栏中的【可视化】按钮,进入【可视化】界面,然后单击【坐标】工具中的【原点】按钮,捕捉图框几何中心为坐标系原点,如图 6-8 所示。

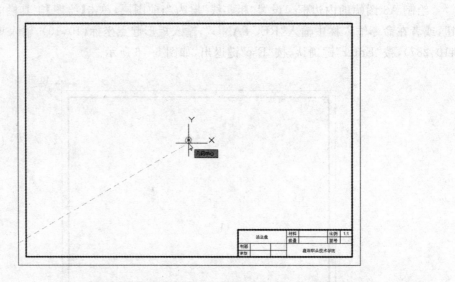

图 6-8　移动坐标系至图框中心

设置"中心线"层为当前图层。单击工具分类栏中的【默认】按钮，进入【可视化】界面，单击【图层】工具栏中的【图层控制】按钮，在下拉列表中选择"中心线"选项，即将"中心线"层设置为当前图层，如图 6-9 所示。

绘制水平和垂直方向中心线。在键盘上点击"F8"键打开正交模式，单击【绘图】工具栏中的【构造线】按钮，或者在命令输入栏中输入"XLINE"，通过坐标原点(0,0)分别创建水平和垂直方方向中心线，按鼠标左键确认，如图 6-10 所示。

图 6-9　选择中心线图层

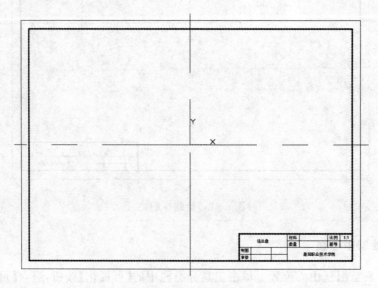

图 6-10　绘制中心线

根据定位套零件图实际及视图均匀布局原则,绘制其他中心直线。单击【修改】工具栏中的【偏移】按钮,或者在命令输入栏中输入"OFFSET",分别输入如图 6-11 所示偏移距离,拾取图 6-10 所示的水平或垂直中心线为偏移对象,创建水平或垂直中心线,如图 6-11 所示。

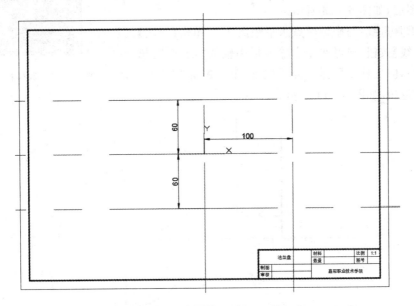

图 6-11 偏移绘制其他中心线

绘制 Φ120 圆弧中心线。单击【绘图】工具栏中的【圆】按钮,或者在命令输入栏中输入"CIRCLE",在下拉列表中选择"圆心,半径"选项,圆心位置捕捉如图 6-12 所示,输入半径"60,按"Enter"键确认,按"Esc"键退出,如图 6-12 所示。

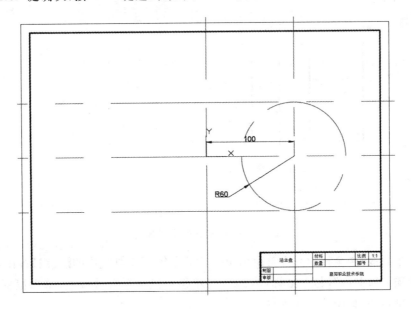

图 6-12 绘制 Φ120 圆弧中心线

6.3.5 绘制法兰盘主视图外形轮廓

设置"粗实线"层为当前图层。单击【图层】工具栏中的【图层控制】,在下拉列表中选择"粗实线"选项,即将"粗实线"层设置为当前图层,如图 6-13 所示。

图 6-13 选择粗实线图层

绘制垂直直线,与坐标原点水平距离 40。单击【绘图】工具栏中的【直线】按钮,或者在命令输入栏中输入"LINE",起点坐标(-40,0),向上移动鼠标至合适位置,单击鼠标"左"键确认,按"Esc"键退出,如图 6-14 所示。

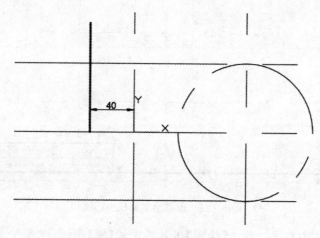

图 6-14 绘制垂直直线

采用同样的方法绘制其他 3 条垂直直线,如图 6-15 所示。也可采用"偏移"的方法创建。

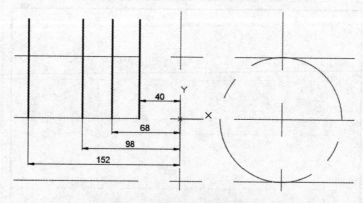

图 6-15 绘制其他垂直直线

绘制水平直线,与坐标原点垂直距离 40。单击【绘图】工具栏中的【直线】按钮,或者在命令输入栏中输入"LINE",起点坐标(0,40),向左移动鼠标至合适位置,单击鼠标"左"键确认,按"Esc"键退出,如图 6-16 所示。

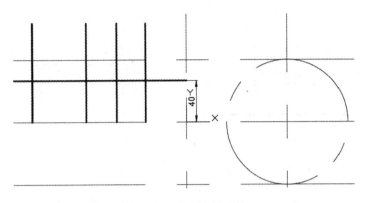

图 6-16 绘制水平直线

采用同样的方法绘制其他 3 条水平直线,如图 6-17 所示。也可采用"偏移"的方法创建。

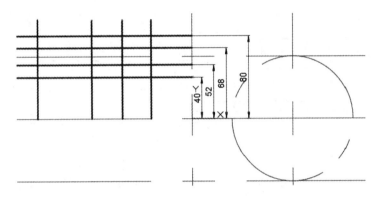

图 6-17 绘制其他水平直线

修剪多余的线条。单击【修改】工具栏中的【修剪】按钮,或者在命令输入栏中输入"TRIM",参照定位套零件图实际修剪多余的线条,如图 6-18 所示。

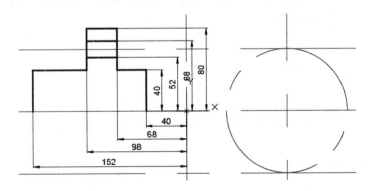

图 6-18 修剪多余线条

绘制水平直线,与坐标原点垂直距 11。单击【绘图】工具栏中的【直线】按钮,或者在命令输入栏中输入"LINE",起点坐标(0,11),向左移动鼠标至合适位置,单击鼠标"左"键确认,按"Esc"键退出,如图6-19所示。

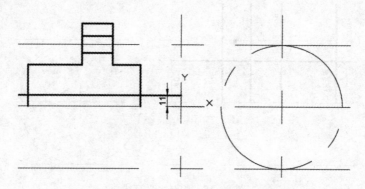

图6-19 绘制水平直线(一)

采用同样的方法绘制另外1条水平直线,如图6-20所示。也可采用"偏移"的方法创建。

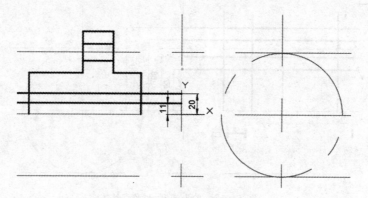

图6-20 绘制水平直线(二)

绘制垂直直线,与坐标原点水平距离56。单击【绘图】工具栏中的【直线】按钮,或者在命令输入栏中输入"LINE",起点坐标(-56,0),向上移动鼠标至合适位置,单击鼠标"左"键确认,按"Esc"键退出,如图6-21所示。

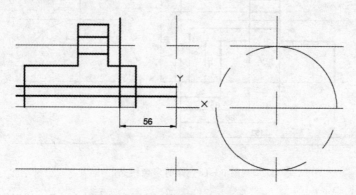

图6-21 绘制垂直直线

修剪多余的线条。单击【修改】工具栏中的【修剪】按钮,或者在命令输入栏中输入

"TRIM",参照定位套零件图实际修剪多余的线条,如图 6-22 所示。

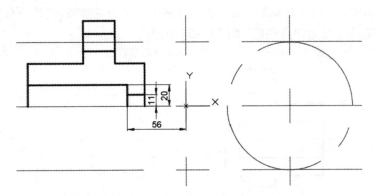

图 6-22　修剪多余线条

倒圆角 $R7$。单击【修改】工具栏中的【圆角】按钮,或者在命令输入栏中输入"FILLET",然后在命令输入栏提示输入"R",然后在命令输入栏输入"7"指定倒圆角半径,参照法兰盘零件图要求选择对应的两条轮廓线倒圆角 $R7$,如图 6-23 所示。

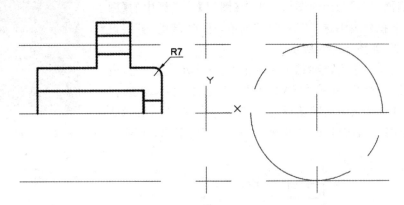

图 6-23　倒 $R7$ 圆角

采用同样的方法创建其他倒圆角 $R4$,如图 6-24 所示。

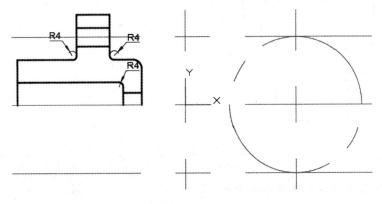

图 6-24　倒 $R4$ 圆角

创建法兰盘主视图的下半部分。单击【修改】工具栏中的【镜像】按钮，或者在命令输入栏中输入"MIRROR"，镜像对象拾取法兰盘主视图上半部分轮廓线，镜像中心线拾取通过坐标原点水平中心线上任意两点创建，如图 6 − 25 所示。

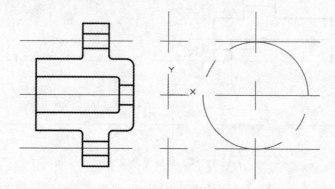

图 6 − 25　镜像创建法兰盘主视图下半部分

设置"剖面线"层为当前图层。单击【图层】工具栏中的【图层控制】，在下拉列表中选择"剖面线"选项，即将"剖面线"层设置为当前图层，如图 6 − 26 所示。

绘制剖面线。单击【绘图】工具栏中的【图案填充】按钮，或者在命令输入栏中输入"HATCH"，填充图案类型选择"ANSI31"，其他选项采用默认设置，参照法兰盘零件图实际选择剖面线创建区域，按"Enter"键确认，按"Esc"键退出，如图6 − 27 所示。

图 6 − 26　选择剖面线图层

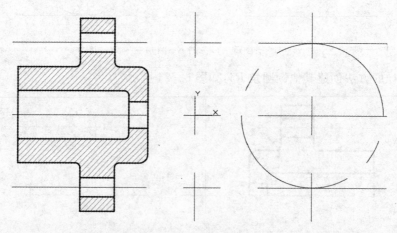

图 6 − 27　绘制剖面线

6.3.6　绘制法兰盘左视图外形轮廓

设置"粗实线"层为当前图层。单击【图层】工具栏中的【图层控制】，在下拉列表中选择

"粗实线"选项,即将"粗实线"层设置为当前图层,如图 6-13 所示。

　　绘制 Φ22 圆。单击【绘图】工具栏中的【圆】按钮,或者在命令输入栏中输入"CIRCLE",在下拉列表中选择"圆心,半径"选项,圆心位置捕捉如所示,输入半径"11,按"Enter"键确认,按"Esc"键退出,如图 6-28 所示。

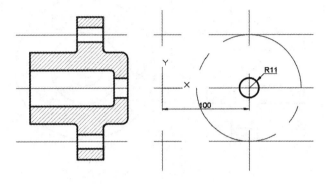

图 6-28　绘制 Φ22 圆

　　采用同样的方法绘制 R11 的同心圆 R20,R40,R80,如图 6-29 所示。

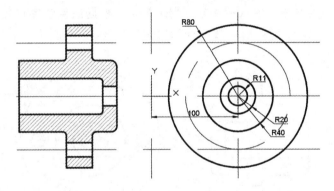

图 6-29　绘制同心圆

　　绘制 Φ16 圆。单击【绘图】工具栏中的【圆】按钮,或者在命令输入栏中输入"CIRCLE",在下拉列表中选择"圆心,半径"选项,圆心位置捕捉如所示,输入半径"8,按"Enter"键确认,按"Esc"键退出,如图 6-30 所示。

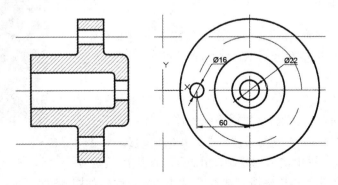

图 6-30　绘制 Φ16 圆

绘制另外 5 个 Φ16 圆。单击【修改】工具栏中的【环形阵列】按钮,或者在命令输入栏中输入"ARRAYPOLAR",阵列对象拾取图 6-30 所示 Φ16 圆,阵列中心拾取如图 6-31 所示 Φ22 的圆心,单击鼠标"左键",阵列角度采用默认角度 60°,按"ESC"键退出,如图

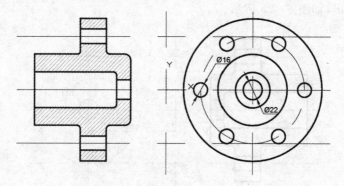

图 6-31 环形阵列绘制另外 5 个 Φ16 圆

修剪多余的中心线。单击【修改】工具栏中的【打断】按钮,或者在命令输入栏中输入"BREAK",根据法兰盘零件图轮廓实际情况选择合适位置打断中心线。单击【修改】工具栏中的【删除】按钮,或者在命令输入栏中输入"ERASE",根据法兰盘零件图实际情况选择删除多余的中心线,按"Enter"键确认,按"Esc"键退出,如图 6-32 所示。

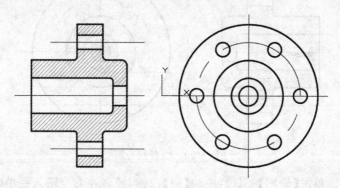

图 6-32 修剪多余中心线

6.3.7 标注零件尺寸

设置"尺寸线"层为当前图。单击【图层】工具栏中的【图层控制】,在下拉列表中选择"尺寸线"选项,即将"尺寸线"层设置为当前图层,如图 6-33 所示。

设置尺寸标注样式。请参照"项目一"和"机械制图"国标规定进行尺寸标注样式设置,这里就不在赘述。

标注线性尺寸 28.0。单击【注释】工具栏中的【线性】按钮,或者在命令输入栏中输入"DIMLINEAR",参照法兰盘零件图实际选择对应的两条轮廓线完成线性尺寸 28.0 标注,如图 6-34 所示。

图 6-33 选择尺寸线图层

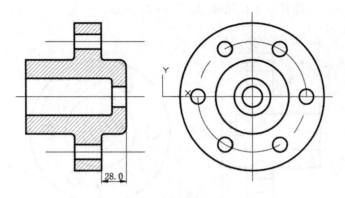

图 6 - 34 标注线性尺寸(一)

采用同样的方法标注其他线性尺寸,如图 6 - 35 所示。

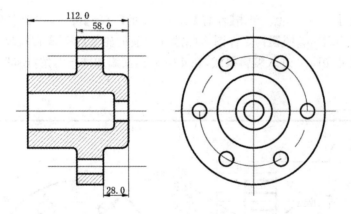

图 6 - 35 标注线性尺寸(二)

标注半径尺寸 $R7.0$。单击【注释】工具栏中的【半径】按钮,或者在命令输入栏中输入 "DIMRADIUS",参照法兰盘零件图实际选择对应的轮廓线完成半径尺寸 $R7.0$ 标注,如图 6 - 36 所示。

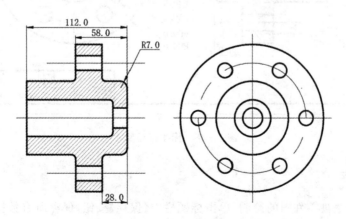

图 6 - 36 标注半径尺寸(一)

采用同样的方法标注其他半径尺寸,如图 6 - 37 所示。

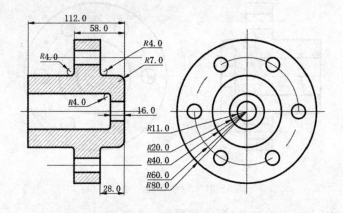

图 6 - 37 标注半径尺寸(二)

标注直径尺寸 6-Φ16.0。单击【注释】工具栏中的【直径】按钮,或者在命令输入栏中输入"DIMDIAMETER",参照锁钩零件图实际选择对应的轮廓线完成直径尺寸 Φ16.0 标注,然后双击直径尺寸 Φ16.0 进入编辑模式,在 Φ16.0 前面添加"6-",按"Esc"键退出,如图 6 - 38 所示。

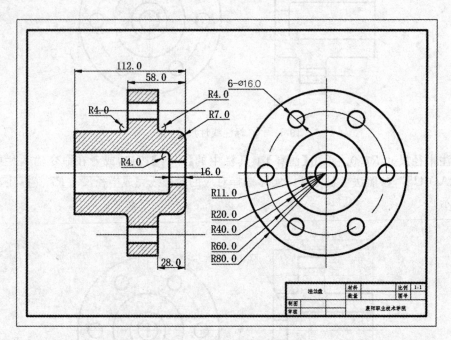

图 6 - 38 标注直径尺寸

6.3.8 保存

至此完成法兰盘零件图的绘制,单击标题栏中【保存】按钮,保存所有数据。

6.4 拓展训练

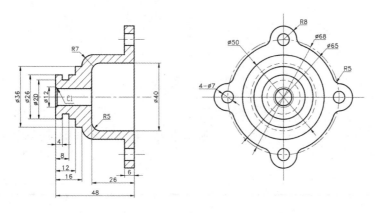

图 6-39 拓展训练 1

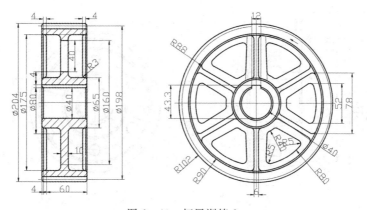

图 6-40 拓展训练 2

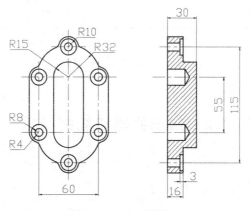

图 6-41 拓展训练 3

任务7 直齿圆柱齿轮零件图绘制

7.1 任务要求

要求运用 AutoCAD2016 绘制图 7-1 所示直齿圆柱齿轮零件图,按照标注尺寸 1∶1 绘制,并标注尺寸。

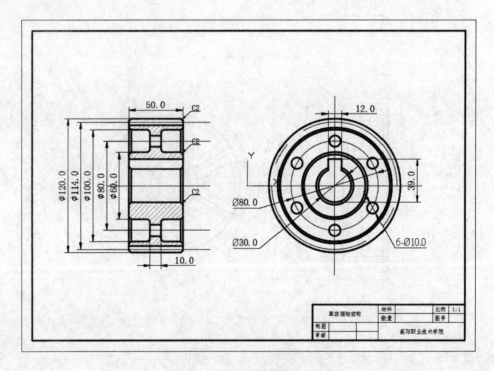

图 7-1 直齿圆柱齿轮零件图

7.2 知识目标和能力目标

7.2.1 知识目标

(1)熟练掌握图层的设置方法及操作步骤;

（2）熟练掌握直线、圆、图样填充、阵列等绘图工具的运用；

（3）熟练掌握打断、修剪、倒圆角、偏移、倒斜角等修改工具的运用；

（4）熟练掌握尺寸标注样式的设置方法及各类型尺寸标注；

（5）熟练掌握端点、中点、圆心等对象捕捉命令的运用；

（6）熟练掌握轮盘类零件图的绘制方法和思路。

7.2.2. 能力目标

能够综合运用所学并按照要求完成较复杂轮盘类零件图的绘制及尺寸标注。

7.3　实施过程

7.3.1　新建文件

启动 AutoCAD2016 中。双击电脑桌面上 AutoCAD2016 的快捷方式图标，或者执行"开始"→"所有程序"→"Autodesk"→"Autodesk2016－简体中文"→"Autodesk2016－简体中文"命令，启动 AutoCAD2016 中文版。

新建文件。单击【标题栏】中【文件】按钮，在下拉列表中选择"新建"，或者单击【标题栏】中【新建】按钮，新建一个文件，将其保存为"齿轮.dwg"，如图 7-2 所示。

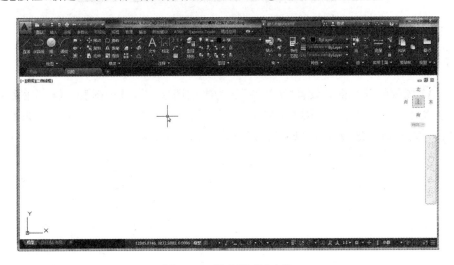

图 7-2　新建"齿轮"文件

7.3.2　设定图层

单击【图层】工具栏中的【图层特性】按钮，或者在命令输入栏中输入"LAYER"，弹出【图层特性管理器】对话框，如图 7-3 所示；根据绘制直齿圆柱齿轮零件图需要在【图层特性管理器】中添加图层，设置名称、颜色、线性、线宽等图层参数，如图 7-4 所示。

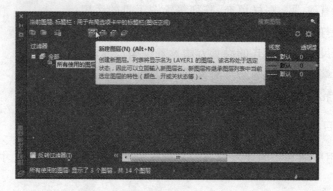

图 7-3 "图层特性管理器"对话框

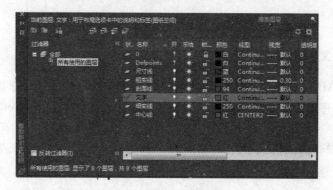

图 7-4 新建图层

7.3.3 设置图幅

绘制 A3 图幅的外边框。设置"细实线"层为当前图层,单击【绘图】工具栏中的【矩形】按钮,或者在命令输入栏中输入"RECTANG",输入矩形起点坐标(0,0),输入矩形终点坐标(420,297),按"Enter"键确认,按"Esc"键退出,如图 7-5 所示。

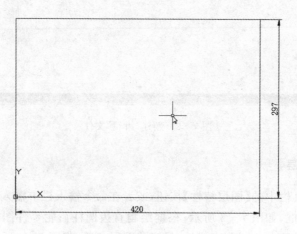

图 7-5 绘制 A3 图幅的外边框

　　绘制 A3 图幅的内边框。设置"粗实线"层为当前图层,单击【绘图】工具栏中的【矩形】按钮,或者在命令输入栏中输入"RECTANG",输入矩形起点坐标(10,10),输入矩形终点坐标410,287),按"Enter"键确认,按"Esc"键退出,如图 7-6 所示。

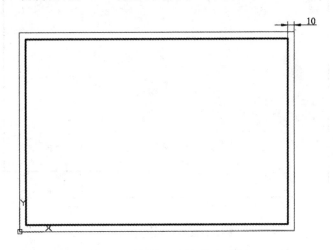

图 7-6　绘制 A3 图幅的内边框

　　绘制标题栏。设置"粗实线"层为当前图层,绘制标题栏外边框;设置"细实线"层为当前图层,绘制标题栏内边框,标题栏尺寸请参照"学校制图作业使用标题栏"的规定;设置"文字"层为当前图层,填写标题栏,如图 7-7 所示。

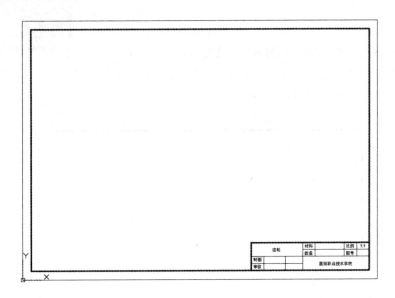

图 7-7　绘制标题栏

7.3.4　绘制中心线

　　移动坐标系至图框中心位置。单击工具分类栏中的【可视化】按钮,进入【可视化】界面,然后单击【坐标】工具中的【原点】按钮,捕捉图框几何中心为坐标系原点,如图 7-8 所示。

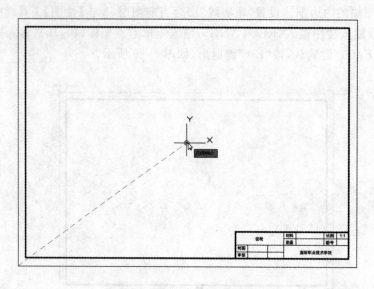

图 7-8　移动坐标系至图框中心

设置"中心线"层为当前图层。单击工具分类栏中的【默认】按钮，进入【可视化】界面，单击【图层】工具栏中的【图层控制】按钮，在下拉列表中选择"中心线"选项，即将"中心线"层设置为当前图层，如图 7-9 所示。

绘制水平和垂直方向中心线。在键盘上点击"F8"键打开正交模式，单击【绘图】工具栏中的【构造线】按钮，或者在命令输入栏中输入"XLINE"，通过坐标原点(0,0)分别创建水平和垂直方方向中心线，按鼠标左键确认，如图 7-10 所示。

图 7-9　选择中心线图层

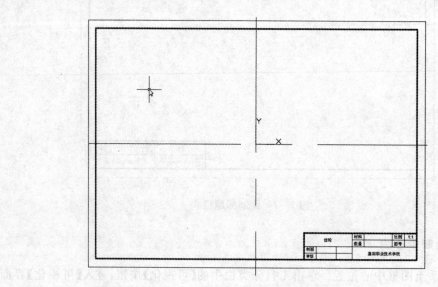

图 7-10　绘制中心线(一)

根据定位套零件图实际及视图均匀布局原则,绘制其他中心直线。单击【修改】工具栏中的【偏移】按钮,或者在命令输入栏中输入"OFFSET",分别输入如图 7 - 11 所示偏移距离,拾取图 7 - 10 所示的水平或垂直中心线为偏移对象,创建水平或垂直中心线,如图 7 - 11 所示。

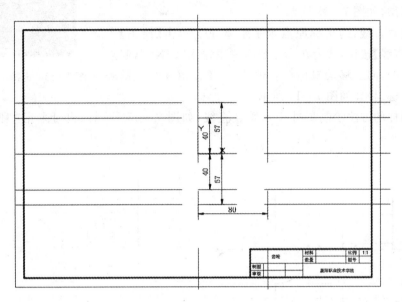

图 7 - 11 绘制中心线(二)

绘制 Φ80 圆弧中心线。单击【绘图】工具栏中的【圆】按钮,或者在命令输入栏中输入"CIRCLE",在下拉列表中选择"圆心,半径"选项,圆心位置捕捉如图 7 - 12 所示,输入半径"40,按"Enter"键确认,按"Esc"键退出,如图 7 - 12 所示。

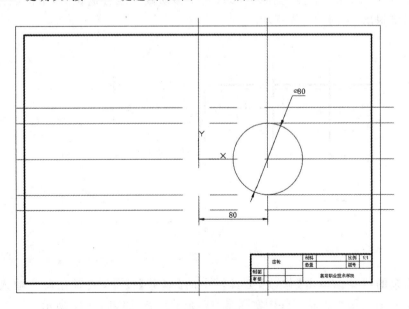

图 7 - 12 绘制 Φ80 圆弧中心线

7.3.5 绘制直齿圆柱齿轮主视图外形轮廓

图 7 - 13 选择粗实线图层

设置"粗实线"层为当前图层。单击【图层】工具栏中的【图层控制】,在下拉列表中选择"粗实线"选项,即将"粗实线"层设置为当前图层,如图 7 - 13 所示。

绘制垂直直线,与坐标原点水平距离 60。单击【绘图】工具栏中的【直线】按钮,或者在命令输入栏中输入"LINE",起点坐标(-60,0),向上移动鼠标至合适位置,单击鼠标"左"键确认,按"Esc"键退出,如图 7 - 14 所示。

采用同样的方法绘制另外 1 条垂直直线,如图 7 - 15 所示。也可采用"偏移"的方法创建。

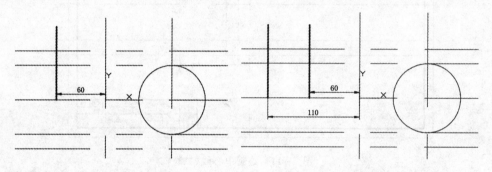

图 7 - 14 绘制垂直直线(一)   图 7 - 15 绘制垂直直线(二)

绘制水平直线,与坐标原点垂直距离 60。单击【绘图】工具栏中的【直线】按钮,或者在命令输入栏中输入"LINE",起点坐标(0,60),向左移动鼠标至合适位置,单击鼠标"左"键确认,按"Esc"键退出,如图 7 - 16 所示。

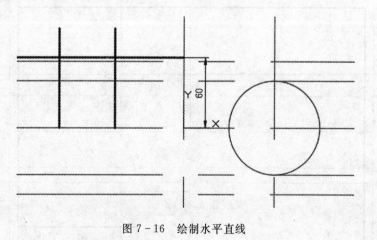

图 7 - 16 绘制水平直线

修剪多余的线条。单击【修改】工具栏中的【修剪】按钮,或者在命令输入栏中输入"TRIM",参照直齿圆柱齿轮零件图实际修剪多余的线条,如图 7 - 17 所示。

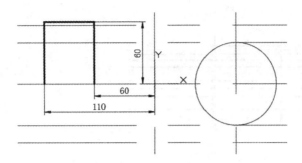

图 7-17 修剪多余线条

绘制水平直线,与坐标原点垂直距 15。单击【绘图】工具栏中的【直线】按钮,或者在命令输入栏中输入"LINE",起点坐标(0,15),向左移动鼠标至合适位置,单击鼠标"左"键确认,按"Esc"键退出,如图 7-18 所示。

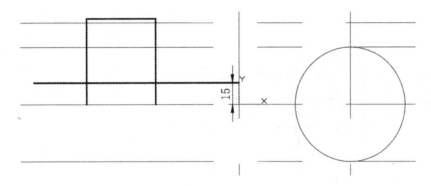

图 7-18 绘制水平直线(一)

采用同样的方法绘制另外 5 条水平直线,如图 7-19 所示。也可采用"偏移"的方法创建。

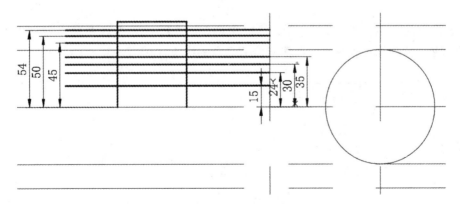

图 7-19 绘制水平直线(二)

绘制垂直直线,与坐标原点水平距离 62。单击【绘图】工具栏中的【直线】按钮,或者在命令输入栏中输入"LINE",起点坐标(-62,0),向上移动鼠标至合适位置,单击鼠标"左"键确认，按"Esc"键退出，如图 7-20 所示。

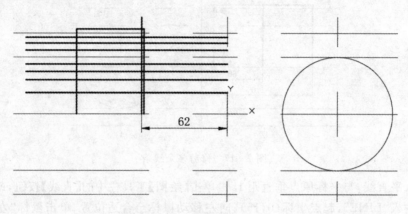

图 7-20　绘制垂直直线(一)

采用同样的方法绘制另外 5 条垂直直线，如图 7-21 所示。也可采用"偏移"的方法创建。

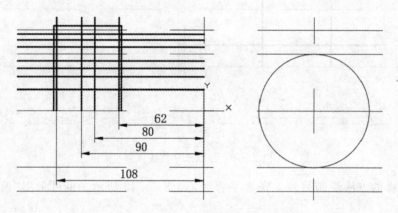

图 7-21　绘制垂直直线(二)

修剪多余的线条。单击【修改】工具栏中的【修剪】按钮，或者在命令输入栏中输入"TRIM"，参照直齿圆柱齿轮零件图实际修剪多余的线条，如图 7-22 所示。

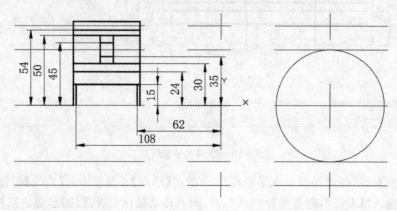

图 7-22　修剪多余线条

创建直齿圆柱齿轮主视图的下半部分。单击【修改】工具栏中的【镜像】按钮,或者在命令输入栏中输入"MIRROR",镜像对象拾取法兰盘主视图上半部分轮廓线(键槽轮廓线除外),镜像中心线拾取通过坐标原点水平中心线上任意两点创建,如图7-23所示。

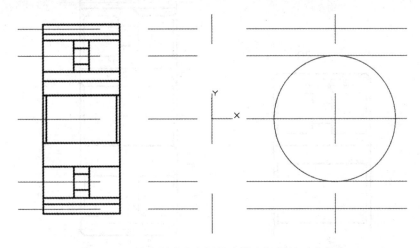

图7-23　镜像创建直齿圆柱齿轮主视图的下半部分

倒斜角 C2。单击【修改】工具栏中的【倒角】按钮,或者在命令输入栏中输入"CHAMFER",然后在命令输入栏提示输入"D",然后在命令输入栏输入"2"指定倒斜角距离,参照直齿圆柱齿轮尺寸零件图要求选择对应的两条轮廓线倒斜角 C2,如图7-24所示。

采用同样的方法完成其他位置的倒斜角 C2,如图7-25所示。

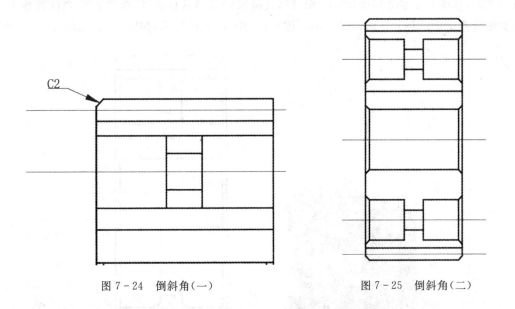

图7-24　倒斜角(一)　　　　　　　　　图7-25　倒斜角(二)

倒圆角 R3。单击【修改】工具栏中的【圆角】按钮,或者在命令输入栏中输入"FILLET",然后在命令输入栏提示输入"R",然后在命令输入栏输入"3"指定倒圆角半径,参照直齿圆柱齿轮零件图要求选择对应的两条轮廓线倒圆角 R3,如图7-26所示。

采用同样的方法完成其他位置的倒圆角 R3,如图 7-27 所示。

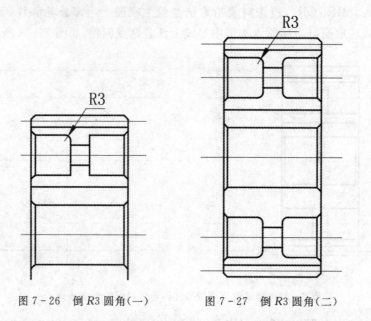

图 7-26　倒 R3 圆角(一)　　　　图 7-27　倒 R3 圆角(二)

设置"剖面线"层为当前图层。单击【图层】工具栏中的【图层控制】,在下拉列表中选择"剖面线"选项,即将"剖面线"层设置为当前图层,如图 7-28 所示。

绘制剖面线。单击【绘图】工具栏中的【图案填充】按钮,或者在命令输入栏中输入"HATCH",填充图案类型选择"ANSI31",其他选项采用默认设置,参照直齿圆柱齿轮零件图实际选择剖面线创建区域,按"Enter"键确认,按"Esc"键退出,如图 7-29 所示。

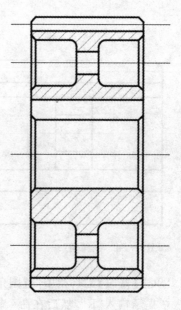

图 7-28　选择剖面线图层　　　　图 7-29　绘制剖面线

7.3.6 绘制直齿圆柱齿轮左视图外形轮廓

设置"粗实线"层为当前图层。单击【图层】工具栏中的【图层控制】,在下拉列表中选择"粗实线"选项,即将"粗实线"层设置为当前图层,如图7-13所示。

绘制 Φ30 圆。单击【绘图】工具栏中的【圆】按钮,或者在命令输入栏中输入"CIRCLE",在下拉列表中选择"圆心,半径"选项,圆心位置捕捉如图7-30所示,输入半径"15",按"Enter"键确认,按"Esc"键退出,如图7-30所示。

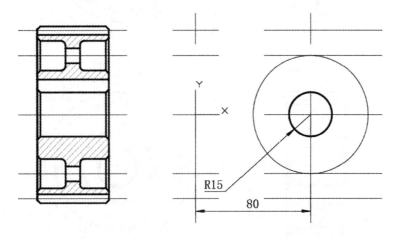

图 7-30 绘制 Φ30 圆

采用同样的方法绘制 Φ30 的 5 个同心圆,如图7-31所示。

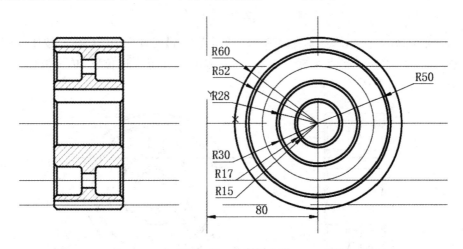

图 7-31 绘制同心圆

绘制垂直直线,与坐标原点水平距离74。单击【绘图】工具栏中的【直线】按钮,或者在命令输入栏中输入"LINE",起点坐标(74,0),向上移动鼠标至合适位置,单击鼠标"左"键确认,按"Esc"键退出,如图7-32所示。

采用同样的方法绘制另外一条垂直直线,如图7-33所示。

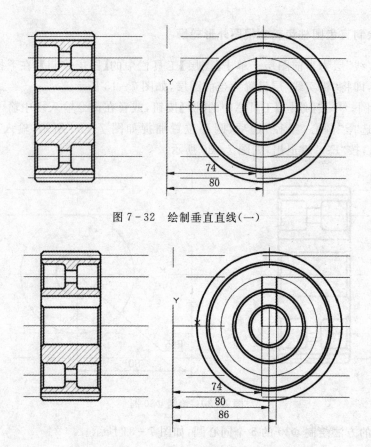

图 7 - 32　绘制垂直直线（一）

图 7 - 33　绘制垂直直线（二）

　　绘制水平直线,与坐标原点垂直距离 24。单击【绘图】工具栏中的【直线】按钮,或者在命令输入栏中输入"LINE",起点坐标(0,24),向右移动鼠标至合适位置,单击鼠标"左"键确认,按"Esc"键退出,如图 7 - 34 所示。

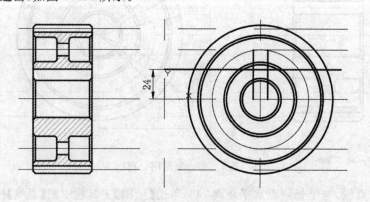

图 7 - 34　绘制水平直线

　　修剪多余的线条。单击【修改】工具栏中的【修剪】按钮,或者在命令输入栏中输入"TRIM",参照直齿圆柱齿轮零件图实际修剪多余的线条,如图 7 - 35 所示。

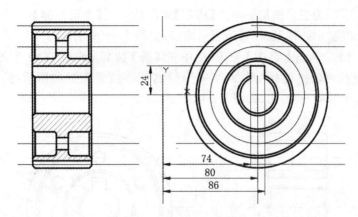

图 7-35 修剪多余线条

绘制 Φ10 圆。单击【绘图】工具栏中的【圆】按钮,或者在命令输入栏中输入"CIRCLE",在下拉列表中选择"圆心,半径"选项,圆心位置捕捉如所示,输入半径"5,按"Enter"键确认,按"Esc"键退出,如图 7-36 所示。

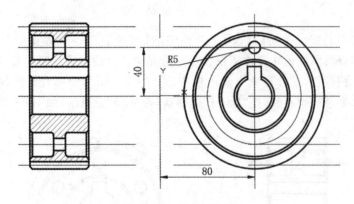

图 7-36 绘制 Φ10 圆

绘制另外 5 个 Φ10 圆。单击【修改】工具栏中的【环形阵列】按钮,或者在命令输入栏中输入"ARRAYPOLAR",阵列对象拾取图 7-36 所示 Φ10 圆,阵列中心拾取如所示 Φ80 圆心,单击鼠标"左键",阵列角度采用默认角度 60°,按"ESC"键退出,如图 7-37 所示。

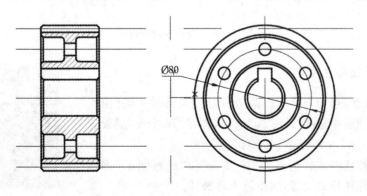

图 7-37 环形阵列绘制另外 5 个 Φ10 圆

设置"中心线"层为当前图层。单击【图层】工具栏中的【图层控制】,在下拉列表中选择"中心线"选项,即将"中心线"层设置为当前图层,如图 7-9 所示。

绘制 Φ114 圆。单击【绘图】工具栏中的【圆】按钮,或者在命令输入栏中输入"CIRCLE",在下拉列表中选择"圆心,半径"选项,圆心位置捕捉如所示,输入半径"57,按"Enter"键确认,按"Esc"键退出,如图 7-38 所示。

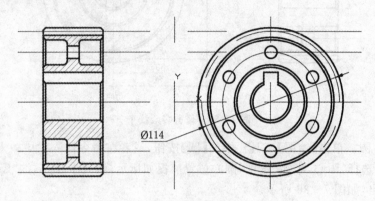

图 7-38 绘制 Φ114 圆

修剪多余的中心线。单击【修改】工具栏中的【打断】按钮,或者在命令输入栏中输入"BREAK",根据直齿圆柱齿轮零件图轮廓实际情况选择合适位置打断中心线。单击【修改】工具栏中的【删除】按钮,或者在命令输入栏中输入"ERASE",根据直齿圆柱齿轮零件图实际情况选择删除多余的中心线,按"Enter"键确认,按"Esc"键退出,如图 7-39 所示。

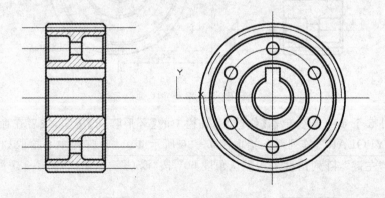

图 7-39 修剪多余中怀线

7.3.7 标注零件尺寸

设置"尺寸线"层为当前图。单击【图层】工具栏中的【图层控制】,在下拉列表中选择"尺寸线"选项,即将"尺寸线"层设置为当前图层,如图 7-40 所示。

设置尺寸标注样式。请参照"项目一"和"机械制图"国标规定进行尺寸标注样式设置,这里就不再赘述。

标注线性尺寸 50.0。单击【注释】工具栏中的【线性】按钮,

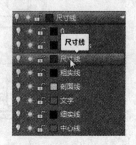

图 7-40 选择尺寸线图层

或者在命令输入栏中输入"DIMLINEAR",参照直齿圆柱齿轮零件图实际选择对应的两条轮廓线完成线性尺寸 50.0 标注,如图 7-41 所示。

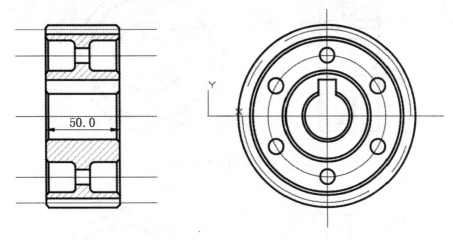

图 7-41 标注线性尺寸(一)

采用同样的方法标注其他线性尺寸,如图 7-42 所示。

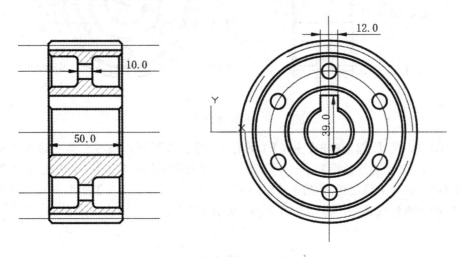

图 7-42 标注线性尺寸(二)

标注直径尺寸 Φ30.0。单击【注释】工具栏中的【直径】按钮,或者在命令输入栏中输入"DIMDIAMETER",参照直齿圆柱齿轮零件图实际选择对应的轮廓线完成直径尺寸 Φ30.0 标注,如图 7-43 所示。

标注直径尺寸 6-Φ10.0。单击【注释】工具栏中的【直径】按钮,或者在命令输入栏中输入"DIMDIAMETER",参照锁钩零件图实际选择对应的轮廓线完成直径尺寸 Φ10.0 标注,然后双击直径尺寸 Φ10.0 进入编辑模式,在"Φ10.0"前面添加"6-",按"Esc"键退出,如图 7-43 所示。

采用同样的方法标注其他直径尺寸,如图 7-44 所示。

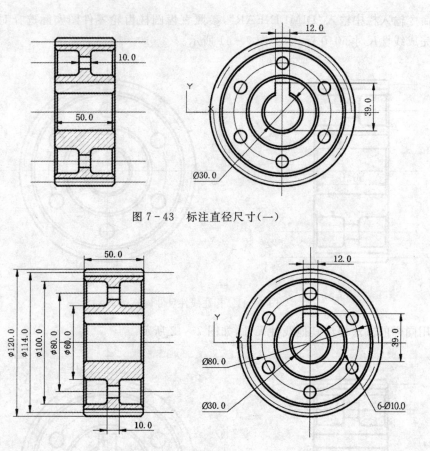

图 7-43 标注直径尺寸(一)

图 7-44 标注直径尺寸(二)

标注倒斜角尺寸 C2。单击【注释】工具栏中的【引线】按钮,或者在命令输入栏中输入 "MLEADER",起始点选择倒斜角边上任意一点,移动鼠标到合适位置,单击鼠标"左"键,按 "Esc"键退出,完成引线创建;然后单击【注释】工具栏中的【多行文字】按钮,选择引线的水平 线为文字的创建位置,输入"C2",如图 7-45 所示。

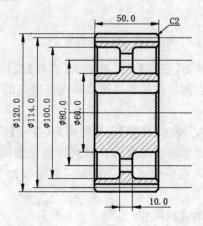

图 7-45 标注倒角斜角尺寸(一)

采用同样的方法标注其他倒斜角尺寸,如图 7-46 所示。

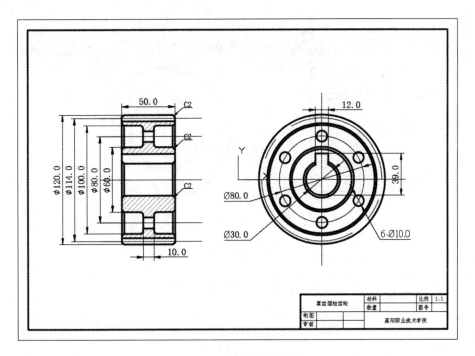

图 7-46　标注倒斜角尺寸

7.3.8　保存

至此完成直齿圆柱齿轮零件图的绘制,单击标题栏中【保存】按钮,保存所有数据。

7.4　拓展训练

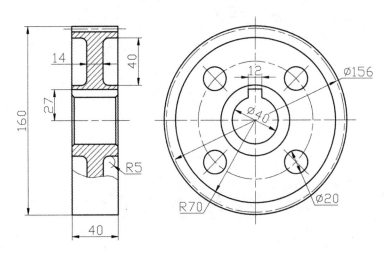

图 7-47　拓展训练 1

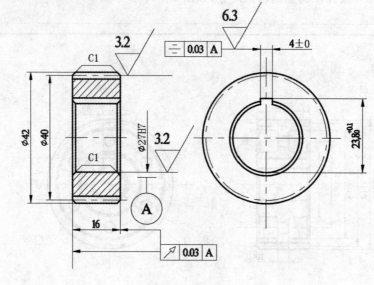

图 7-48 拓展训练 2

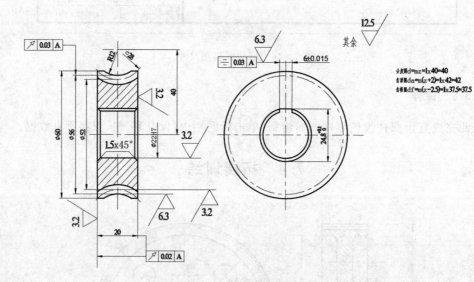

图 7-49 拓展训练 3

项目四 板盖类零件图绘制

任务8 冲模卸料板零件图绘制

8.1 任务要求

要求运用 AutoCAD2016 绘制图 8−1 所示冲模卸料板零件图,按照标注尺寸 1∶1 绘制,并标注尺寸。

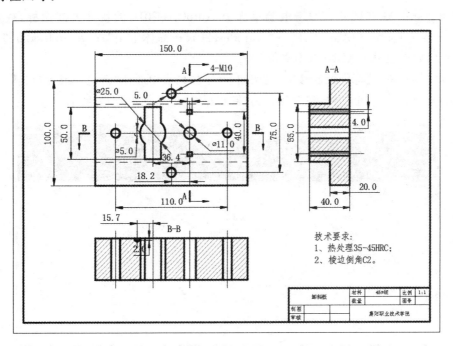

图 8−1 冲模卸料板零件图

8.2 知识目标和能力目标

8.2.1 知识目标

(1)熟练掌握图层的设置方法及操作步骤;

（2）熟练掌握直线、圆、图样填充、阵列等绘图工具的运用；

（3）熟练掌握打断、修剪、倒圆角、偏移、倒斜角等修改工具的运用；

（4）熟练掌握尺寸标注样式的设置方法及各类型尺寸标注；

（5）熟练掌握端点、中点、圆心等对象捕捉命令的运用；

（6）熟练掌握板盖类零件图的绘制方法和思路。

8.2.2 能力目标

能够综合运用所学并按照要求完成较复杂板盖类零件图的绘制及尺寸标注。

8.3 实施过程

8.3.1 新建文件

启动 AutoCAD2016 中。双击电脑桌面上 AutoCAD2016 的快捷方式图标，或者执行"开始"→"所有程序"→"Autodesk"→"Autodesk2016－简体中文"→"Autodesk2016－简体中文"命令，启动 AutoCAD2016 中文版。

新建文件。单击【标题栏】中【文件】按钮，在下拉列表中选择"新建"，或者单击【标题栏】中【新建】按钮，新建一个文件，将其保存为"卸料板 . dwg"，如图 8－2 所示。

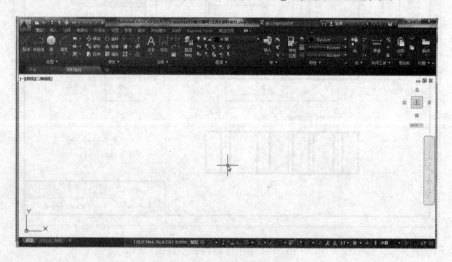

图 8－2 新建"卸料板"文件

8.3.2 设定图层

单击【图层】工具栏中的【图层特性】按钮，或者在命令输入栏中输入"LAYER"，弹出【图层特性管理器】对话框，如图 8－3 所示；根据绘制卸料板零件图需要在【图层特性管理器】中添加图层，设置名称、颜色、线性、线宽等图层参数，如图 8－4 所示。

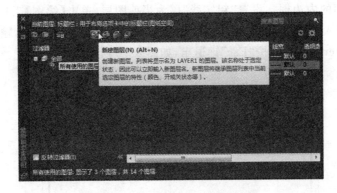

图 8 - 3　"图层特性管理器"对话框

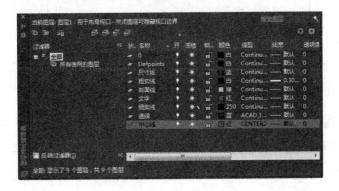

图 8 - 4　新建图层

8.3.3　设置图幅

　　绘制 A3 图幅的外边框。设置"细实线"层为当前图层,单击【绘图】工具栏中的【矩形】按钮,或者在命令输入栏中输入"RECTANG",输入矩形起点坐标(0,0),输入矩形终点坐标(420,297),按"Enter"键确认,按"Esc"键退出,如图 8 - 5 所示。

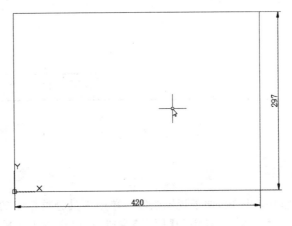

图 8 - 5　绘制 A3 图幅外边框

绘制 A3 图幅的内边框。设置"粗实线"层为当前图层,单击【绘图】工具栏中的【矩形】按钮,或者在命令输入栏中输入"RECTANG",输入矩形起点坐标(10,10),输入矩形终点坐标410,287),按"Enter"键确认,按"Esc"键退出,如图 8-6 所示。

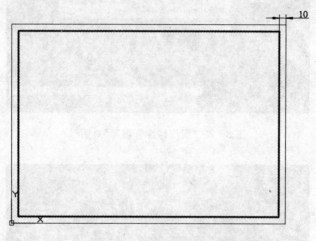

图 8-6 绘制 A3 图幅内边框

绘制标题栏。设置"粗实线"层为当前图层,绘制标题栏外边框;设置"细实线"层为当前图层,绘制标题栏内边框,标题栏尺寸请参照"学校制图作业使用标题栏"的规定;设置"文字"层为当前图层,填写标题栏,如图 8-7 所示。

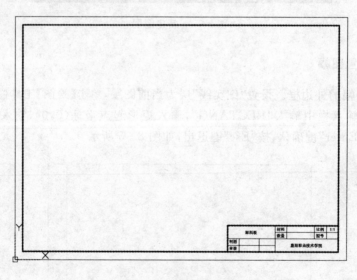

图 8-7 绘制标题栏

8.3.4 绘制中心线

移动坐标系至图框中心区域,便于视图绘制。单击工具分类栏中的【可视化】按钮,进入【可视化】界面,然后单击【坐标】工具中的【原点】按钮,在命令输入中输入坐标(230,190,0)坐标系原点,如图 8-7 所示。

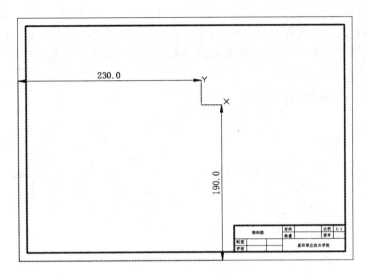

图 8-8 移动坐标系至图框中心

　　设置"中心线"层为当前图层。单击工具分类栏中的【默认】按钮，进入【可视化】界面，单击【图层】工具栏中的【图层控制】按钮，在下拉列表中选择"中心线"选项，即将"中心线"层设置为当前图层，如图 8-9 所示。

图 8-9 选择中心线图层

　　绘制水平和垂直方向中心线。在键盘上点击"F8"键打开正交模式，单击【绘图】工具栏中的【构造线】按钮，或者在命令输入栏中输入"XLINE"，通过坐标原点(0,0)分别创建水平和垂直方方向中心线，按鼠标左键确认，如图 8-10 所示。

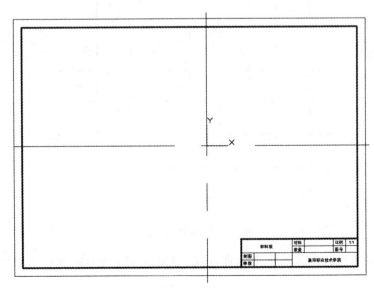

图 8-10 绘制中心线

根据冲模卸料板零件图实际及视图均匀布局原则,绘制其他水平中心线。单击【修改】工具栏中的【偏移】按钮,或者在命令输入栏中输入"OFFSET",分别输入如图 8-11 所示偏移距离,拾取如图 8-10 所示的水平中心线为偏移对象,创建其他水平中心线,如图 8-11 所示。

采用同样的方法绘制其他垂直中心线,如图 8-12 所示。

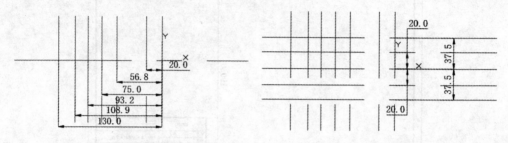

图 8-11 偏移绘制水平中心线　　　　图 8-12 偏移绘制垂直中心线

8.3.5 绘制卸料板主视图外形轮廓

设置"粗实线"层为当前图层。单击【图层】工具栏中的【图层控制】,在下拉列表中选择"粗实线"选项,即将"粗实线"层设置为当前图层,如图 8-13 所示。

绘制垂直直线。单击【绘图】工具栏中的【直线】按钮,或者在命令输入栏中输入"LINE",起点坐标(0,0),向上移动鼠标至合适位置,单击鼠标"左"键确认,按"Esc"键退出,如图 8-14 所示。

图 8-13 选择粗实线图层

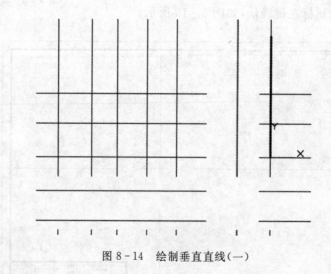

图 8-14 绘制垂直直线(一)

采用同样的方法绘制另外 1 条垂直直线,如图 8-15 所示。也可采用"偏移"的方法创建。

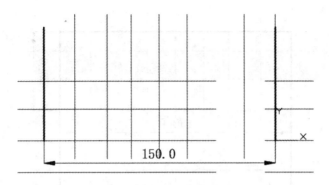

图 8-15 绘制垂直直线(二)

绘制水平直线,与坐标原点垂直距离 50。单击【绘图】工具栏中的【直线】按钮,或者在命令输入栏中输入"LINE",起点坐标(0,50),向左移动鼠标至合适位置,单击鼠标"左"键确认,按"Esc"键退出,如图 8-16 所示。

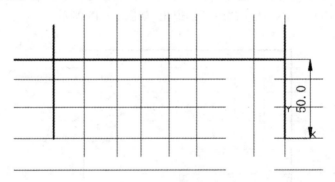

图 8-16 绘制水平直线

修剪多余的线条。单击【修改】工具栏中的【修剪】按钮,或者在命令输入栏中输入"TRIM",参照压冲模卸料板零件图实际修剪多余的线条,如图 8-17 所示。

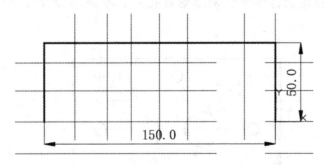

图 8-17 修剪多余线条

创建冲模卸料板主视图外轮廓的下半部分。单击【修改】工具栏中的【镜像】按钮,或者在命令输入栏中输入"MIRROR",镜像对象拾取冲模卸料板主视图外轮廓的上半部分轮廓线,镜像中心线拾取通过坐标原点水平中心线上任意两点创建,如图 8-18 所示。

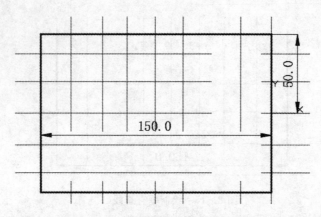

图 8-18　镜像创建冲模卸料板主视图外轮廓的下半部分

　　绘制 M10 螺纹孔的小径 Φ8.5。单击【绘图】工具栏中的【圆】按钮,或者在命令输入栏中输入"CIRCLE",在下拉列表中选择"圆心,半径"选项,圆心位置捕捉如图 8-19 所示,输入半径"4.25",按"Enter"键确认,按"Esc"键退出,如图 8-19 所示。

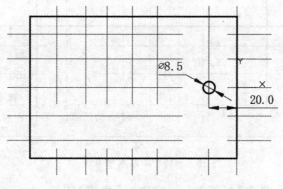

图 8-19　绘制 Φ8.5 圆

　　采用同样的方法绘制另外 3 个 M10 螺纹孔的小径 Φ8.5 及 Φ11、Φ25 圆,如图 8-20 所示。

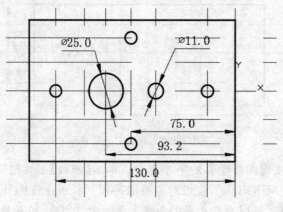

图 8-20　绘制其他圆

设置"细实线"层为当前图层。单击【图层】工具栏中的【图层控制】，在下拉列表中选择"细实线"选项，即将"细实线"层设置为当前图层，如图 8-21 所示。

绘制 M10 螺纹孔的大径 Φ10。单击【绘图】工具栏中的【圆】按钮，或者在命令输入栏中输入"CIRCLE"，在下拉列表中选择"圆心，半径"选项，圆心位置捕捉如图 8-22 所示，输入半径"5"，按"Enter"键确认，按"Esc"键退出，如图 8-22 所示。

图 8-21　选择细实线图层

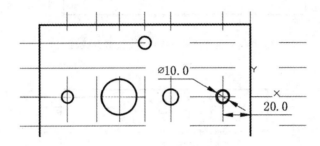

图 8-22　绘制 Φ10 圆（一）

采用同样的方法绘制另外 3 个 M10 螺纹孔的大小径 Φ10，如图 8-23 所示。

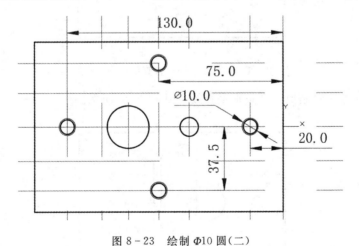

图 8-23　绘制 Φ10 圆（二）

修剪 M10 螺纹孔多余的线条。单击【修改】工具栏中的【修剪】按钮，或者在命令输入栏中输入"TRIM"，参照螺纹规定画法修剪多余的线条，如图 8-24 所示。

设置"粗实线"层为当前图层。单击【图层】工具栏中的【图层控制】，在下拉列表中选择"粗实线"选项，即将"粗实线"层设置为当前图层，如图 8-13 所示。

绘制垂直直线，与坐标原点水平距离 101.2。单击【绘图】工具栏中的【直线】按钮，或者在命令输入栏中输入"LINE"，起点坐标(-101.2,0)，向上移动鼠标至合适位置，单击鼠标"左"键确认，按"Esc"键退出，如图 8-25 所示。

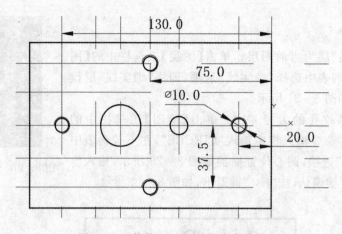

图 8-24 修剪 M10 螺纹孔多余线条

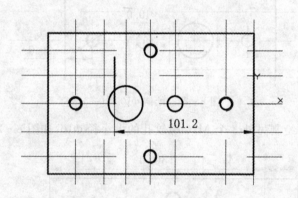

图 8-25 绘制垂直直线(一)

采用同样的方法绘制另外 3 条垂直直线,如图 8-26 所示。

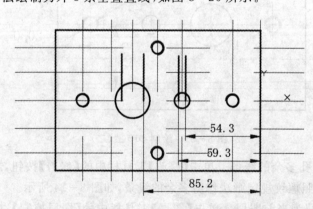

图 8-26 绘制垂直直线(二)

绘制水平直线,与坐标原点水平距离 22。单击【绘图】工具栏中的【直线】按钮,或者在命令输入栏中输入"LINE",起点坐标(0,22),向左移动鼠标至合适位置,单击鼠标"左"键确认,按"Esc"键退出,如图 8-27 所示。

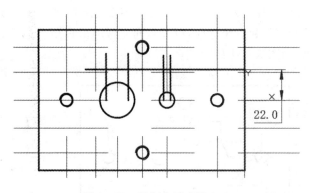

图 8-27　绘制水平直线(一)

采用同样的方法绘制另外 3 条水平直线,如图 8-28 所示。

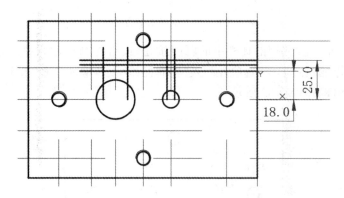

图 8-28　绘制水平直线(二)

修剪多余的线条。单击【修改】工具栏中的【修剪】按钮,或者在命令输入栏中输入"TRIM",参照冲模卸料板零件图实际修剪多余的线条,如图 8-29 所示。

设置"虚线"层为当前图层。单击【图层】工具栏中的【图层控制】,在下拉列表中选择"虚线"选项,即将"虚线"层设置为当前图层,如图 8-30 所示。

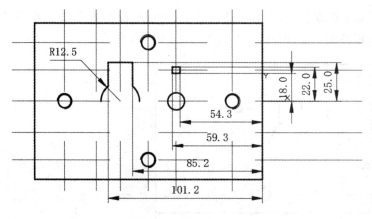

图 8-29　修剪多余线条

图 8-30　选择虚线图层

绘制水平直线，与坐标原点水平距离 27.5。单击【绘图】工具栏中的【直线】按钮，或者在命令输入栏中输入"LINE"，起点坐标(0,27.5)，向左移动鼠标至合适位置，单击鼠标"左"键确认，按"Esc"键退出，如图 8-31 所示。

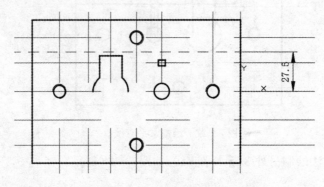

图 8-31　绘制水平直线

绘制 Φ5 圆。单击【绘图】工具栏中的【圆】按钮，或者在命令输入栏中输入"CIRCLE"，在下拉列表中选择"圆心，半径"选项，圆心位置捕捉如所示，输入半径"2.5"，按"Enter"键确认，按"Esc"键退出，如图 8-32 所示。

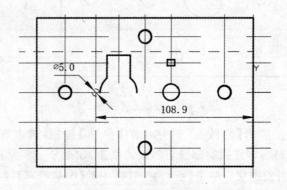

图 8-32　绘制 Φ5 圆

修剪多余的线条。单击【修改】工具栏中的【修剪】按钮，或者在命令输入栏中输入"TRIM"，参照冲模卸料板零件图实际修剪多余的线条，如图 8-33 所示。

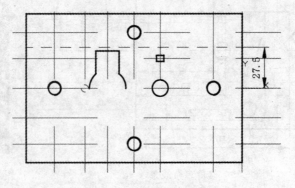

图 8-33　修剪多余线条

创建冲模卸料板主视图内轮廓的下半部分。单击【修改】工具栏中的【镜像】按钮,或者在命令输入栏中输入"MIRROR",镜像对象拾取冲模卸料板主视图内轮廓的上半部分,镜像中心线拾取通过坐标原点水平中心线上任意两点创建,如图 8 - 34 所示。

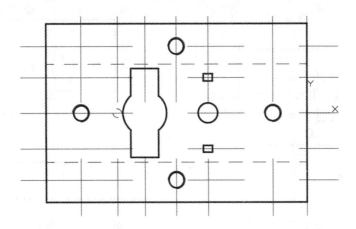

图 8 - 34　镜像创建冲模卸料板主视图内轮廓的下半部分

绘制剖切符号,如图 8 - 35 所示。

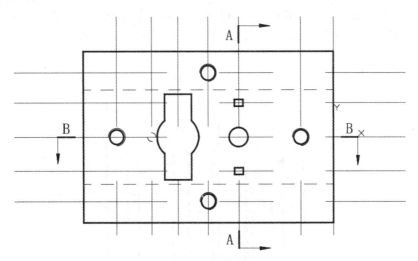

图 8 - 35　绘制剖切符合

8.3.6　绘制卸料板剖视图 B－B 外形轮廓

设置"粗实线"层为当前图层。单击【图层】工具栏中的【图层控制】,在下拉列表中选择"粗实线"选项,即将"粗实线"层设置为当前图层,如图 8 - 13 所示。

绘制水平直线,与坐标原点垂直距离 100。单击【绘图】工具栏中的【直线】按钮,或者在命令输入栏中输入"LINE",起点坐标(0,－100),向左移动鼠标至合适位置,单击鼠标"左"键确认,按"Esc"键退出,如图 8 - 36 所示。

采用同样的方法绘制另外 2 条水平直线,如图 8 - 37 所示。也可采用"偏移"创建。

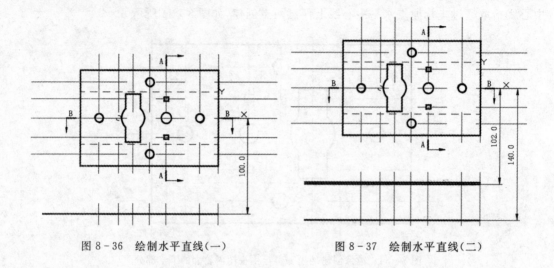

图 8-36　绘制水平直线（一）　　　　图 8-37　绘制水平直线（二）

根据"长对正,高平齐,宽相等"的投影原理,绘制部分垂直直线。单击【绘图】工具栏中的【直线】按钮,或者在命令输入栏中输入"LINE",起点捕捉如图 8-38 所示,向下移动鼠标至合适位置,单击鼠标"左"键确认,按"Esc"键退出,如图 8-38 所示。

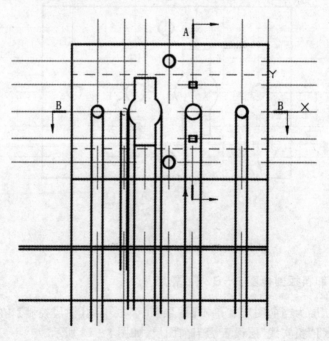

图 8-38　绘制垂直直线

修剪多余的线条。单击【修改】工具栏中的【修剪】按钮,或者在命令输入栏中输入"TRIM",参照冲模卸料板零件图实际修剪多余的线条,如图 8-39 所示。

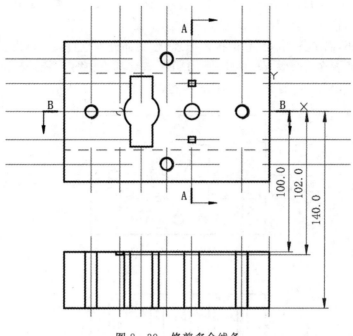

图 8-39 修剪多余线条

绘制 1 条直线,与水平方向夹角 30°。单击【绘图】工具栏中的【直线】按钮,或者在命令输入栏中输入"LINE",起点坐标捕捉如图 8-40 所示,向右移动鼠标至合适位置捕捉倒 30°夹角,单击鼠标"左"键确认,按"Esc"键退出,如图 8-40 所示。

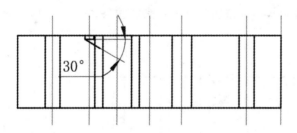

图 8-40 绘制与水平方向夹角 30°直线(一)

采用同样的方法绘制另外 1 条与水平方向夹角 30°的直线,如图 8-41 所示。也可采用"镜像"创建。

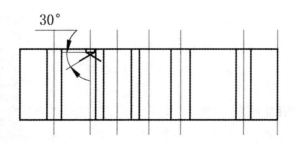

图 8-41 绘制与水平方向夹角 30°直线(二)

设置"细实线"层为当前图层。单击【图层】工具栏中的【图层控制】,在下拉列表中选择"细实线"选项,即将"细实线"层设置为当前图层,如图 8-21 所示。

根据"长对正,高平齐,宽相等"的投影原理,绘制部分垂直直线。单击【绘图】工具栏中的【直线】按钮,或者在命令输入栏中输入"LINE",起点捕捉如图 8-42 所示,向下移动鼠标至合适位置,单击鼠标"左"键确认,按"Esc"键退出,如图 8-42 所示。

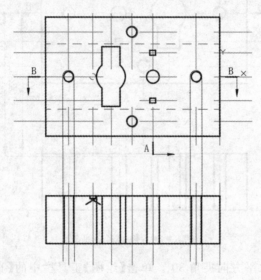

图 8-42 绘制垂直直线

修剪多余的线条。单击【修改】工具栏中的【修剪】按钮,或者在命令输入栏中输入"TRIM",参照冲模卸料板零件图实际修剪多余的线条,如图 8-43 所示。

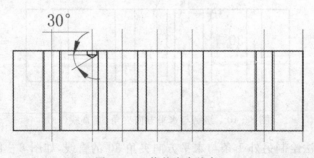

图 8-43 修剪多余线条

设置"剖面线"层为当前图层。单击【图层】工具栏中的【图层控制】,在下拉列表中选择"剖面线"选项,即将"剖面线"层设置为当前图层,如图 8-44 所示。

绘制剖面线。单击【绘图】工具栏中的【图案填充】按钮,或者在命令输入栏中输入"HATCH",填充图案类型选择"ANSI31",其他选项采用默认设置,参照冲模卸料板零件图实

图 8-44 选择剖切线图层

际选择剖面线创建区域,按"Enter"键确认,按"Esc"键退出,如图 8 - 45 所示。

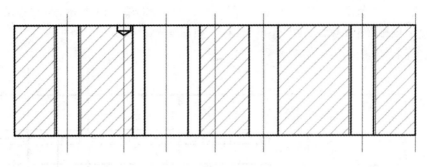

图 8 - 45　绘制剖面线

8.3.7　绘制卸料板剖视图 *A* - *A* 外形轮廓

设置"粗实线"层为当前图层。单击【图层】工具栏中的【图层控制】,在下拉列表中选择"粗实线"选项,即将"粗实线"层设置为当前图层,如图 8 - 13 所示。

绘制垂直直线,与坐标原点垂直距离 60。单击【绘图】工具栏中的【直线】按钮,或者在命令输入栏中输入"LINE",起点坐标(60,-60),向上移动鼠标至合适位置,单击鼠标"左"键确认,按"Esc"键退出,如图 8 - 46 所示。

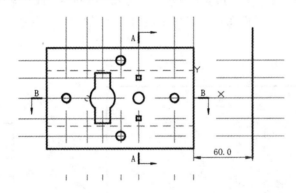

图 8 - 46　绘制垂直直线(一)

采用同样的方法绘制另外 2 条垂直直线,如图 8 - 47 所示。也可采用"偏移"创建。

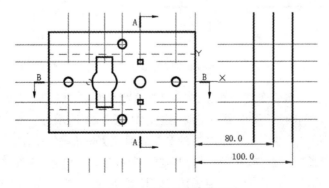

图 8 - 47　绘制垂直直线(二)

根据"长对正,高平齐,宽相等"的投影原理,绘制水平直线。单击【绘图】工具栏中的【直线】按钮,或者在命令输入栏中输入"LINE",起点捕捉如图 8-48 所示,向右移动鼠标至合适位置,单击鼠标"左"键确认,按"Esc"键退出,如图 8-48 所示。

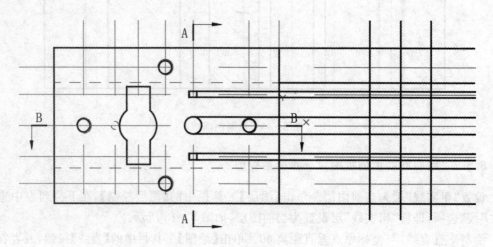

图 8-48　绘制水平直线

修剪多余的线条。单击【修改】工具栏中的【修剪】按钮,或者在命令输入栏中输入"TRIM",参照冲模卸料板零件图实际修剪多余的线条,如图 8-49 所示。

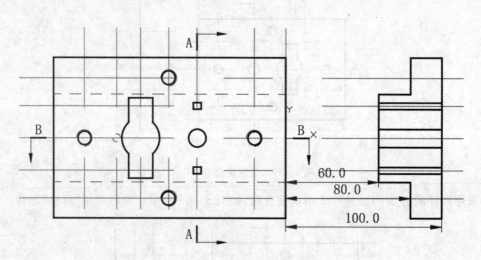

图 8-49　修剪多余线条

设置"剖面线"层为当前图层。单击【图层】工具栏中的【图层控制】,在下拉列表中选择"剖面线"选项,即将"剖面线"层设置为当前图层,如图 8-44 所示。

绘制剖面线。单击【绘图】工具栏中的【图案填充】按钮,或者在命令输入栏中输入"HATCH",填充图案类型选择"ANSI31",其他选项采用默认设置,参照冲模卸料板零件图实际选择剖面线创建区域,按"Enter"键确认,按"Esc"键退出,如图 8-50 所示。

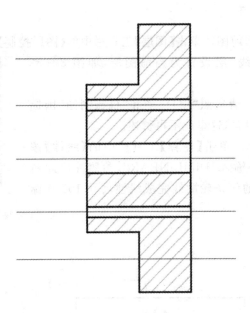

图 8-50　绘制剖面线

修剪多余的中心线。单击【修改】工具栏中的【打断】按钮，或者在命令输入栏中输入"BREAK"，根据冲模卸料板零件图轮廓实际情况选择合适位置打断中心线。单击【修改】工具栏中的【删除】按钮，或者在命令输入栏中输入"ERASE"，根据冲模卸料板零件图实际情况选择删除多余的中心线，按"Enter"键确认，按"Esc"键退出，如图 8-51 所示。

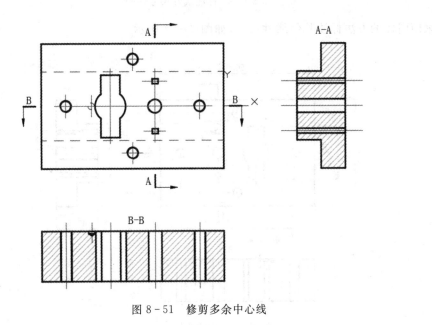

图 8-51　修剪多余中心线

8.3.8 标注零件尺寸

设置"尺寸线"层为当前图。单击【图层】工具栏中的【图层控制】,在下拉列表中选择"尺寸线"选项,即将"尺寸线"层设置为当前图层,如图 8-52 所示。

图 8-52 选择尺寸线图层

设置尺寸标注样式。请参照"项目一"和"机械制图"国标规定进行尺寸标注样式设置,这里就不再赘述。

标注线性尺寸 100.0。单击【注释】工具栏中的【线性】按钮,或者在命令输入栏中输入"DIMLINEAR",参照冲模卸料板零件图实际选择对应的两条轮廓线完成线性尺寸 100.0 标注,如图 8-53 所示。

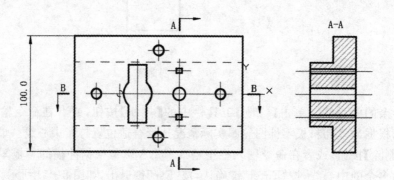

图 8-53 标注线性尺寸(一)

采用同样的方法标注其他线性尺寸,如图 8-54 所示。

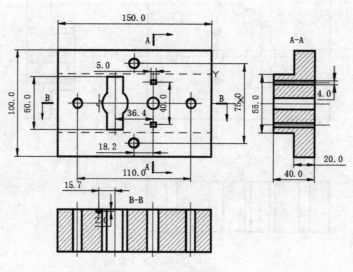

图 8-54 标注线性尺寸(二)

标注直径尺寸 Φ25.0。单击【注释】工具栏中的【直径】按钮,或者在命令输入栏中输入"DIMDIAMETER",参照冲模卸料板零件图实际选择对应的轮廓线完成直径尺寸 Φ12.5 标注,如图 8-55 所示。

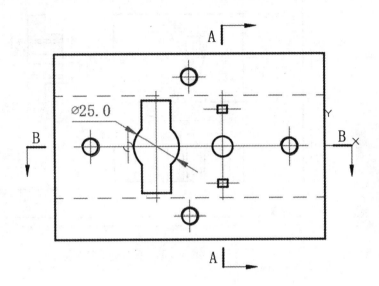

图 8-55　标注直径尺寸

采用同样的方法标注其他直径尺寸,如图 8-56 所示。

标注螺纹尺寸 4-M10。单击【注释】工具栏中的【直径】按钮,或者在命令输入栏中输入"DIMDIAMETER",参照冲模卸料板零件图实际选择对应的轮廓线完成直径尺寸 Φ10.0 标注,然后双击直径尺寸 Φ10.0 进入编辑模式,删除"Φ10.0"后重新输入"4-M10",按"Esc"键退出,如图 8-57 所示。

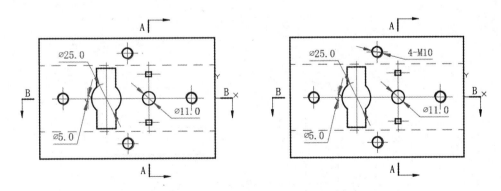

图 8-56　标注其他直径尺寸　　　　　图 8-57　标注螺纹尺寸

设置"文字"层为当前图。单击【注释】工具栏中的【图层控制】,在下拉列表中选择"文字"选项,即将"文字"层设置为当前图层,如图 8-58 所示。

撰写技术要求。单击【注释】工具栏中的【多行文字】按钮,或者在命令输入栏中输入

"TEXT",在 A3 图幅右下角选择合适区域输入技术要求,如图 8-59 所示。

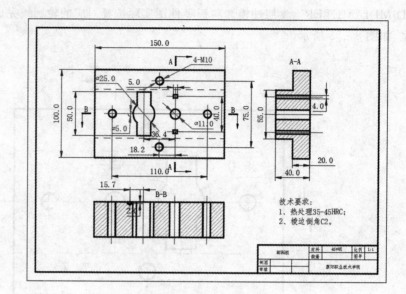

图 8-58 选择
文字图层

图 8-59 撰写技术要求

8.3.9 保存

至此完成冲模卸料板零件图的绘制,单击标题栏中【保存】按钮,保存所有数据。

8.4 拓展训练

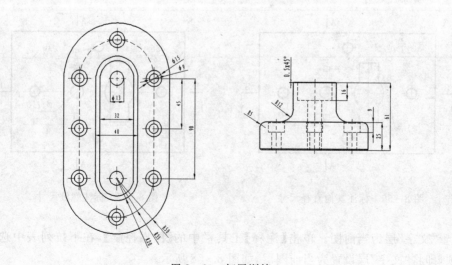

图 8-60 拓展训练 1

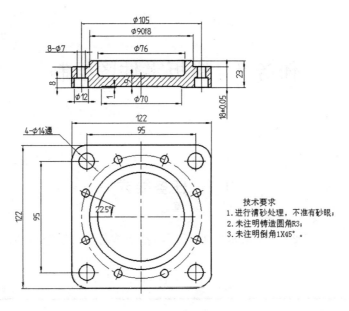

图 8-61　拓展训练 2

技术要求
1. 进行清砂处理，不准有砂眼；
2. 未注明铸造圆角R3；
3. 未注明倒角1X45°。

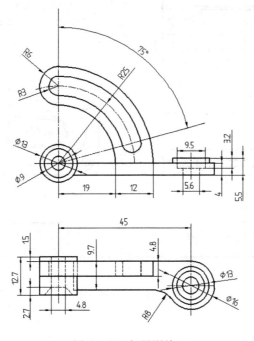

图 8-62　拓展训练 3

任务9 垫板零件图绘制

9.1 任务要求

要求运用 AutoCAD2016 绘制如图 9-1 所示垫板零件图,按照标注尺寸 1:1 绘制,并标注尺寸。

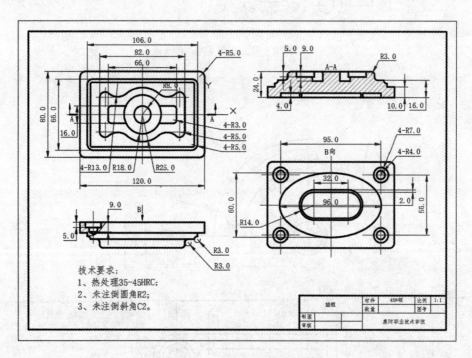

图 9-1 垫板零件图

9.2 知识目标和能力目标

9.2.1 知识目标

(1)熟练掌握图层的设置方法及操作步骤;

（2）熟练掌握直线、圆、图样填充、阵列等绘图工具的运用；

（3）熟练掌握打断、修剪、倒圆角、偏移、倒斜角等修改工具的运用；

（4）熟练掌握尺寸标注样式的设置方法及各类型尺寸标注；

（5）熟练掌握端点、中点、圆心等对象捕捉命令的运用；

（6）熟练掌握板盖类零件图的绘制方法和思路。

9.2.2 能力目标

能够综合运用所学并按照要求完成复杂板盖类零件图的绘制及尺寸标注。

9.3 实施过程

9.3.1 新建文件

启动 AutoCAD2016。双击电脑桌面上 AutoCAD2016 的快捷方式图标，或者执行"开始"→"所有程序"→"Autodesk"→"Autodesk2016－简体中文"→"Autodesk2016－简体中文"命令，启动 AutoCAD2016 中文版。

新建文件。单击【标题栏】中【文件】按钮，在下拉列表中选择"新建"，或者单击【标题栏】中【新建】按钮，新建一个文件，将其保存为"垫板.dwg"，如图 9－2 所示。

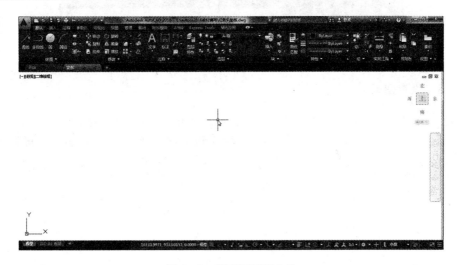

图 9－2　新建"垫板"文件

9.3.2 设定图层

单击【图层】工具栏中的【图层特性】按钮，或者在命令输入栏中输入"LAYER"，弹出【图层特性管理器】对话框，如图 9－3 所示；根据绘制垫板零件图需要在【图层特性管理器】中添加图层，设置名称、颜色、线性、线宽等图层参数，如图 9－4 所示。

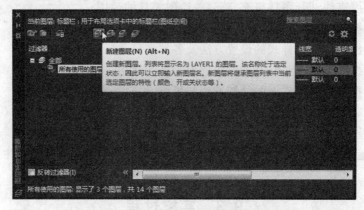

图 9-3 "图层特性管理"对话框

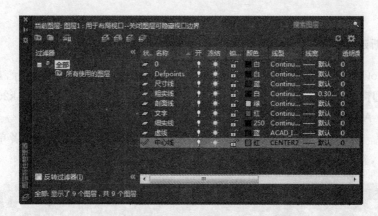

图 9-4 新建图层

9.3.3 设置图幅

绘制 A3 图幅的外边框。设置"细实线"层为当前图层,单击【绘图】工具栏中的【矩形】按钮,或者在命令输入栏中输入"RECTANG",输入矩形起点坐标(0,0),输入矩形终点坐标(420,297),按"Enter"键确认,按"Esc"键退出,如图 9-5 所示。

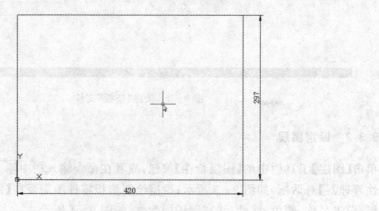

图 9-5 绘制 A3 图幅的外边框

绘制 A3 图幅的内边框。设置"细实线"层为当前图层，单击【绘图】工具栏中的【矩形】按钮，或者在命令输入栏中输入"RECTANG"，输入矩形起点坐标(10,10)，输入矩形终点坐标410,287)，按"Enter"键确认，按"Esc"键退出，如图 9-6 所示。

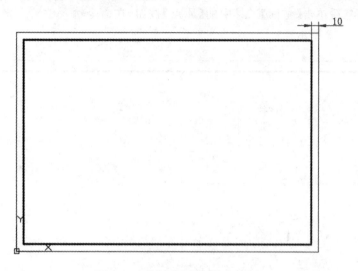

图 9-6　绘制 A3 图幅的内边框

绘制标题栏。设置"粗实线"层为当前图层，绘制标题栏外边框；设置"细实线"层为当前图层，绘制标题栏内边框，标题栏尺寸请参照"学校制图作业使用标题栏"的规定；设置"文字"层为当前图层，填写标题栏，如图 9-7 所示。

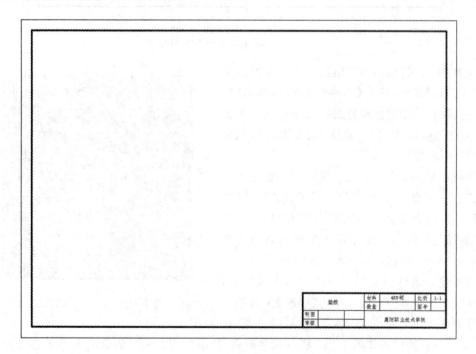

图 9-7　绘制标题栏

9.3.4 绘制中心线

移动坐标系至图框中心区域,便于视图绘制。单击工具分类栏中的【可视化】按钮,进入【可视化】界面,然后单击【坐标】工具中的【原点】按钮,在命令输入中输入坐标(180,210)坐标系原点,如图 9-8 所示。

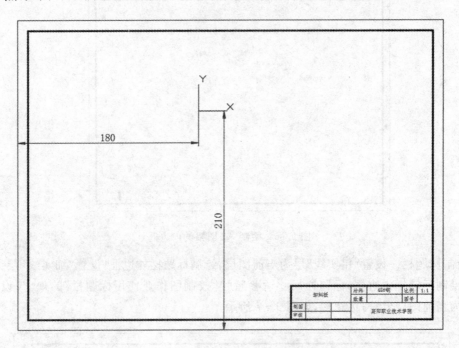

图 9-8 移动坐标系至图框中心

设置"中心线"层为当前图层。单击工具分类栏中的【默认】按钮,进入【可视化】界面,单击【图层】工具栏中的【图层控制】按钮,在下拉列表中选择"中心线"选项,即将"中心线"层设置为当前图层,如图 9-9 所示。

绘制水平和垂直方向中心线。在键盘上点击"F8"键打开正交模式,单击【绘图】工具栏中的【构造线】按钮,或者在命令输入栏中输入"XLINE",通过坐标原点(0,0)分别创建水平和垂直方方向中心线,按鼠标左键确认,如图 9-10 所示。

根据垫板零件图实际及视图均匀布局原则,绘制其他 9 条垂直中心线。单击【修改】工具栏中的【偏移】按钮,或者在命令输入栏中输入

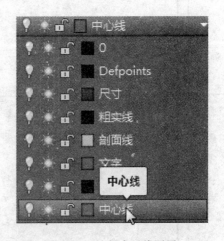

图 9-9 选择中心线图层

"OFFSET",分别输入如图 9-11 所示偏移距离,拾取如图 9-10 所示的水平中心线为偏移对象,创建其他水平中心线,如图 9-11 所示。

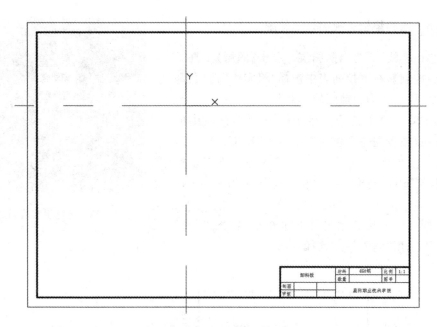

图 9 - 10 绘制中心线

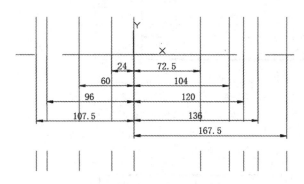

图 9 - 11 绘制垂直中心线

采用同样的方法绘制其他 5 条水平中心线,如图 9 - 12 所示。

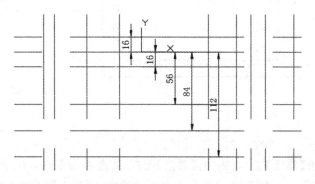

图 9 - 12 绘制水平中心线

9.3.5 绘制垫板主视图外形轮廓

设置"粗实线"层为当前图层。单击【图层】工具栏中的【图层控制】，在下拉列表中选择"粗实线"选项，即将"粗实线"层设置为当前图层，如图 9-13 所示。

绘制 120×80 的矩形。单击【绘图】工具栏中的【矩形】按钮，或者在命令输入栏中输入"RECTANG"，输入矩形起点坐标(-120,-40)，输入矩形终点坐标(0,40)，按"Enter"键确认，按"Esc"键退出，如图 9-14 所示。

图 9-13 选择粗实线图层

采用同样的方法绘制另外 2 个矩形，如图 9-15 所示。也可采用"偏移"的方法创建。

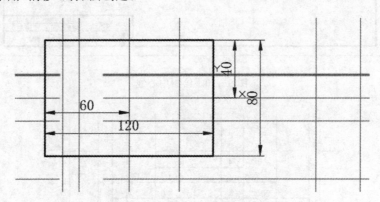

图 9-14 绘制 120×80 矩形

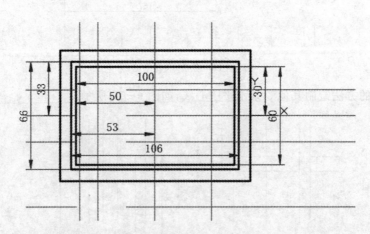

图 9-15 绘制另外 2 个矩形

倒圆角 R5。单击【修改】工具栏中的【圆角】按钮，或者在命令输入栏中输入"FILLET"，然后在命令输入栏提示输入"R"，然后在命令输入栏输入"5"指定倒圆角半径，参照垫板零件图要求选择对应的两条轮廓线倒圆角 R5，如图 9-16 所示

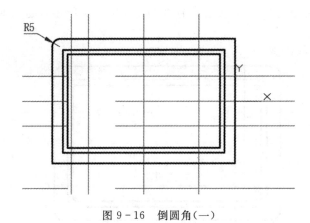

图 9-16　倒圆角(一)

采用同样的方法绘创建其他位置的倒圆角 $R5$、$R2$,如图 9-17 所示。

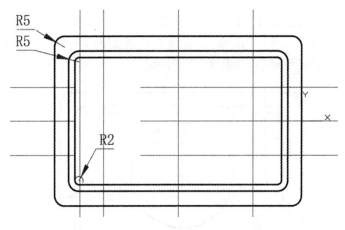

图 9-17　倒圆角(二)

绘制垂直直线。单击【绘图】工具栏中的【直线】按钮,或者在命令输入栏中输入"LINE",起点坐标(-19,0),向上移动鼠标至合适位置,单击鼠标"左"键确认,按"Esc"键退出,如图 9-18 所示。

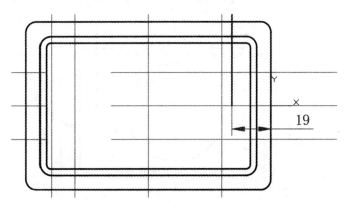

图 9-18　绘制垂直直线(一)

采用同样的方法绘制另外 1 条垂直直线，如图 9 - 19 所示。也可采用"偏移"的方法创建。

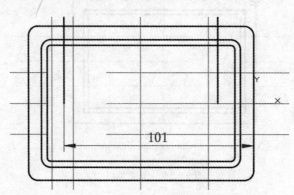

图 9 - 19　绘制垂直直线

绘制 Φ50 圆。单击【绘图】工具栏中的【圆】按钮，或者在命令输入栏中输入"CIRCLE"，在下拉列表中选择"圆心，半径"选项，圆心位置捕捉如图 9 - 20 所示，输入半径"25"，按"Enter"键确认，按"Esc"键退出，如图 9 - 20 所示。

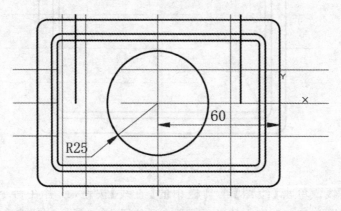

图 9 - 20　绘制 Φ50 圆

采用同样的方法绘制另外 2 个 Φ10 圆，如图 9 - 21 所示。

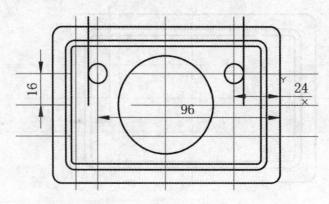

图 9 - 21　绘制 2 个 Φ10 圆

绘制 Φ10、Φ50 两圆共同的 Φ26 外切圆。击【绘图】工具栏中的【圆】按钮,或者在命令输入栏中输入"CIRCLE",在下拉列表中选择"相切,相切,半径"选项,如图 9-22 所示选择相切圆 Φ10、Φ50,输入半径"13",按"Enter"键确认,按"Esc"键退出,如图 9-22 所示。

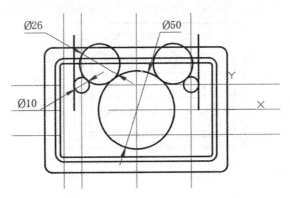

图 9-22 绘制 Φ10、Φ50 圆的共同外切圆 Φ26

修剪多余的线条。单击【修改】工具栏中的【修剪】按钮,或者在命令输入栏中输入"TRIM",参照垫板零件图实际修剪多余的线条,如图 9-23 所示。

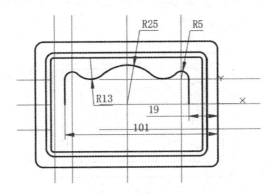

图 9-23 修剪多余线条

镜像创建垫板主视图轮廓的下半部分。单击【修改】工具栏中的【镜像】按钮,或者在命令输入栏中输入"MIRROR",镜像对象拾取垫板主视图部分轮廓线,镜像中心线拾取通过坐标原点水平中心线上任意两点创建,如图 9-24 所示。

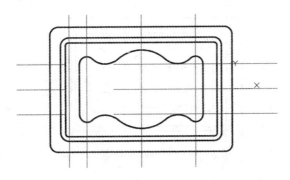

图 9-24 镜像创建垫板主视图轮廓的下半部分

创建矩形 66×16。单击【绘图】工具栏中的【矩形】按钮,或者在命令输入栏中输入"RE-CTANG",输入矩形起点坐标(−93,−8),输入矩形终点坐标(−27,8),按"Enter"键确认,按"Esc"键退出,如图 9−25 所示。

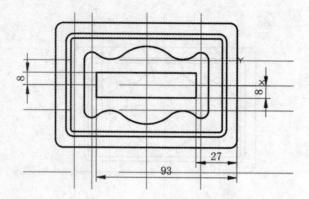

图 9−25 创建 66×16 矩形

绘制 Φ36 圆。单击【绘图】工具栏中的【圆】按钮,或者在命令输入栏中输入"CIRCLE",在下拉列表中选择"圆心,半径"选项,圆心位置捕捉如图 9−26 所示,输入半径"18",按"Enter"键确认,按"Esc"键退出,如图 9−26 所示。

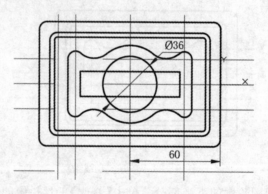

图 9−26 绘制 Φ36 圆

采用同样的方法绘制另外 1 个 Φ16 圆,如图 9−27 所示。

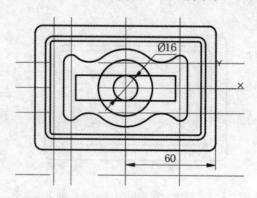

图 9−27 绘制 Φ16 圆

修剪多余的线条。单击【修改】工具栏中的【修剪】按钮，或者在命令输入栏中输入"TRIM"，参照垫板零件图实际修剪多余的线条，如图 9-28 所示。

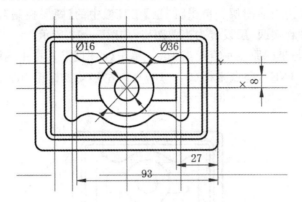

图 9-28　修剪多余线条

倒 4 处圆角 R3。单击【修改】工具栏中的【圆角】按钮，或者在命令输入栏中输入"FILLET"，然后在命令输入栏提示输入"R"，然后在命令输入栏输入"3"指定倒圆角半径，参照垫板零件图要求选择对应的两条轮廓线倒圆角 R3，如图 9-29 所示。

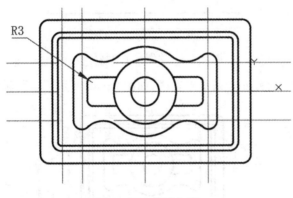

图 9-29　倒圆角 R3

绘制剖切符号，如图 9-30 所示。

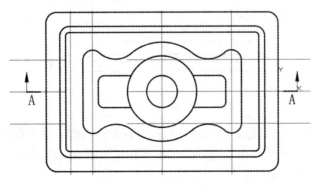

图 9-30　绘制剖切符号

9.3.6 绘制垫板俯视图外形轮廓

设置"粗实线"层为当前图层。单击【图层】工具栏中的【图层控制】,在下拉列表中选择"粗实线"选项,即将"粗实线"层设置为当前图层,如图 9-13 所示。

绘制水平直线,与坐标原点垂直距离 100。单击【绘图】工具栏中的【直线】按钮,或者在命令输入栏中输入"LINE",起点坐标(0,-100),向左移动鼠标至合适位置,单击鼠标"左"键确认,按"Esc"键退出,如图 9-31 所示。

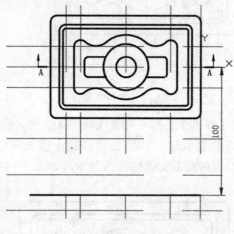

图 9-31 绘制水平直线(一)

采用同样的方法绘制另外 3 条水平直线,如图 9-32 所示。也可采用"偏移"创建。

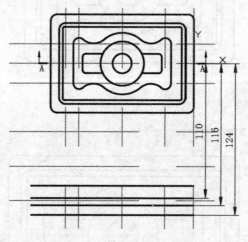

图 9-32 绘制水平直线(二)

根据"长对正,高平齐,宽相等"的投影原理,绘制垂直直线。单击【绘图】工具栏中的【直线】按钮,或者在命令输入栏中输入"LINE",起点捕捉如图 9-33 所示,向下移动鼠标至合适位置,单击鼠标"左"键确认,按"Esc"键退出,如图 9-33 所示。

修剪多余的线条。单击【修改】工具栏中的【修剪】按钮,或者在命令输入栏中输入

"TRIM"，参照垫板零件图实际修剪多余的线条，如图 9-34 所示。

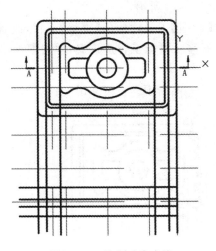

图 9-33　绘制垂直直线

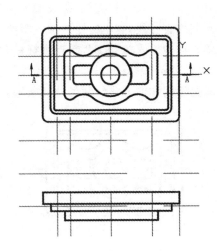

图 9-34　修剪多余线条

设置"细实线"层为当前图层。单击【图层】工具栏中的【图层控制】，在下拉列表中选择"细实线"选项，即将"细实线"层设置为当前图层，如图 9-35 所示。

图 9-35　选择细实线图层

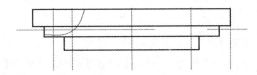

图 9-36　绘制局部剖视图的剖切线

绘制局部剖视图的剖切线。单击【绘图】工具栏中的【样条曲线拟合】按钮，或者在命令输入栏中输入"SPLINE"，参照垫板零件图实际选择合适的位置绘制剖切线，如图 9-36 所示。

修剪多余的线条。单击【修改】工具栏中的【修剪】按钮，或者在命令输入栏中输入"TRIM"，参照垫板零件图实际修剪多余的线条，如图 9-37 所示。

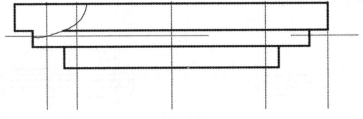

图 9-37　修剪多余线条

设置"粗实线"层为当前图层。单击【图层】工具栏中的【图层控制】,在下拉列表中选择"粗实线"选项,即将"粗实线"层设置为当前图层,如图9-13所示。

绘制垂直直线,与坐标原点水平距离100。单击【绘图】工具栏中的【直线】按钮,或者在命令输入栏中输入"LINE",起点坐标(-100,0),向下移动鼠标至合适位置,单击鼠标"左"键确认,按"Esc"键退出,如图9-38所示。

采用用同样的方法绘制另外3条垂直直线,如图9-39所示。也可采用"偏移"创建。

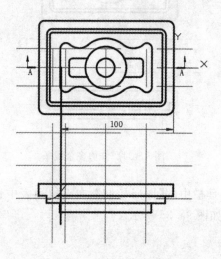

图9-38 绘制垂直直线(一)

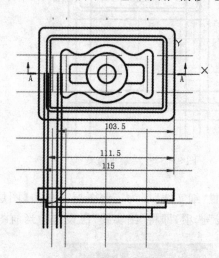

图9-39 绘制垂直直线(二)

绘制水平直线,与坐标原点垂直距离100。单击【绘图】工具栏中的【直线】按钮,或者在命令输入栏中输入"LINE",起点坐标(0,-105),向左移动鼠标至合适位置,单击鼠标"左"键确认,按"Esc"键退出,如图9-40所示。

采用同样的方法绘制另外1条水平直线,如图9-41所示。也可采用"偏移"创建。

修剪多余的线条。单击【修改】工具栏中的【修剪】按钮,或者在命令输入栏中输入"TRIM",参照垫板零件图实际修剪多余的线条,如图9-42所示。

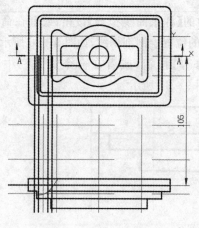

图9-40 绘制水平直线(一)

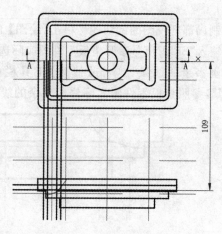

图9-41 绘制水平直线(二)

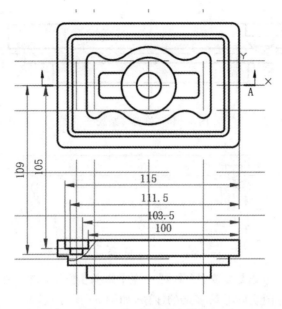

图 9-42 修剪多余线条

绘制 1 条直线,与水平方向夹角 30°。单击【绘图】工具栏中的【直线】按钮,或者在命令输入栏中输入"LINE",起点坐标捕捉如图 9-43 所示,向右移动鼠标至合适位置捕捉倒 30°夹角,单击鼠标"左"键确认,按"Esc"键退出,如图 9-43 所示。

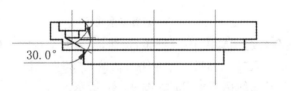

图 9-43 绘制与水平方向夹角 30°直线(一)

采用同样的方法绘制另外 1 条与水平方向夹角 30°的直线,如图 9-44 所示。也可采用"镜像"创建。

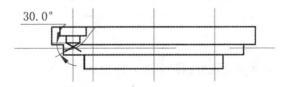

图 9-44 绘制与水平方向夹角 30°直线(二)

修剪多余的线条。单击【修改】工具栏中的【修剪】按钮,或者在命令输入栏中输入"TRIM",参照垫板零件图实际修剪多余的线条,如图 9-45 所示。

绘制 2 个 Φ6 圆。单击【绘图】工具栏中的【圆】按钮,或者在命令输入栏中输入"CIRCLE",在下拉列表中选择"圆心,半径"选项,圆心位置捕捉如图 9-46 所示,输入半径"3",按"Enter"键确认,按"Esc"键退出,如图 9-46 所示。

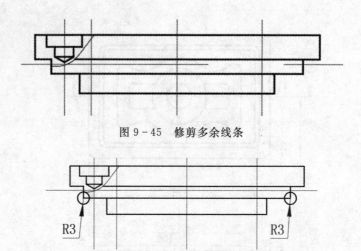

图 9-45　修剪多余线条

图 9-46　绘制 Φ6 圆

修剪多余的线条。单击【修改】工具栏中的【修剪】按钮,或者在命令输入栏中输入"TRIM",参照垫板零件图实际修剪多余的线条,如图 9-47 所示。

图 9-47　修剪多余线条

倒圆角 R3。单击【修改】工具栏中的【圆角】按钮,或者在命令输入栏中输入"FILLET",然后在命令输入栏提示输入"R",然后在命令输入栏输入"3"指定倒圆角半径,参照垫板零件图要求选择对应的两条轮廓线倒圆角 R3,如图 9-48 所示。

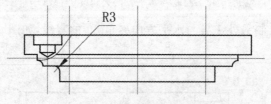

图 9-48　倒圆角(一)

采用同样的方法完成其他位置的倒圆角 R3,如图 9-49 所示。

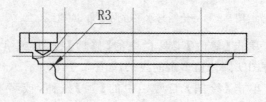

图 9-49　倒圆角(二)

设置"剖面线"层为当前图层。单击【图层】工具栏中的【图层控制】,在下拉列表中选择"剖面线"选项,即将"剖面线"层设置为当前图层,如图9-50所示。

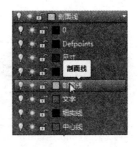

绘制剖面线。单击【绘图】工具栏中的【图案填充】按钮,或者在命令输入栏中输入"HATCH",填充图案类型选择"ANSI31",其他选项采用默认设置,参照垫板零件图实际选择剖面线创建区域,按"Enter"键确认,按"Esc"键退出,如图9-51所示。

图9-50　选择剖面线图层

绘制向视图符号,如图9-52所示。

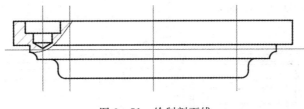

图9-51　绘制剖面线

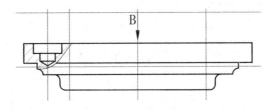

图9-52　绘制向视图符号

9.3.7　绘制垫板剖视图 A－A 外形轮廓

设置"粗实线"层为当前图层。单击【图层】工具栏中的【图层控制】,在下拉列表中选择"粗实线"选项,即将"粗实线"层设置为当前图层,如图9-13所示。

绘水平直线,与坐标原点垂直距离40。单击【绘图】工具栏中的【直线】按钮,或者在命令输入栏中输入"LINE",起点坐标(0,40),向右移动鼠标至合适位置,单击鼠标"左"键确认,按"Esc"键退出,如图9-53所示。

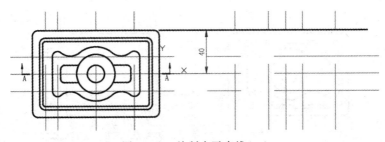

图9-53　绘制水平直线(一)

采用同样的方法绘制另外3条水平直线,如图9-54所示。也可采用"偏移"创建。

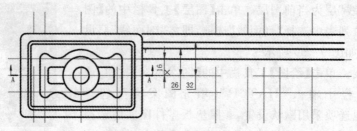

图 9-54 绘制水平直线(二)

绘制垂直直线,与坐标原点垂直距离 60。单击【绘图】工具栏中的【直线】按钮,或者在命令输入栏中输入"LINE",起点坐标(60,0),向上移动鼠标至合适位置,单击鼠标"左"键确认,按"Esc"键退出,如图 9-55 所示。

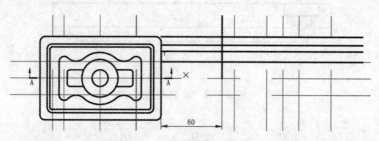

图 9-55 绘制垂直直线(一)

采用同样的方法绘制另外 5 条垂直直线,如图 9-56 所示。也可采用"偏移"创建。

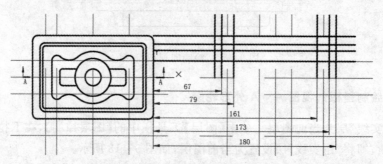

图 9-56 绘制垂直直线(二)

修剪多余的线条。单击【修改】工具栏中的【修剪】按钮,或者在命令输入栏中输入"TRIM",参照垫板零件图实际修剪多余的线条,如图 9-57 所示。

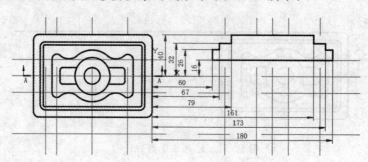

图 9-57 修剪多余线条

　　绘制垂直直线,与坐标原点垂直距离 87。单击【绘图】工具栏中的【直线】按钮,或者在命令输入栏中输入"LINE",起点坐标(87,0),向上移动鼠标至合适位置,单击鼠标"左"键确认,按"Esc"键退出,如图 9－58 所示。

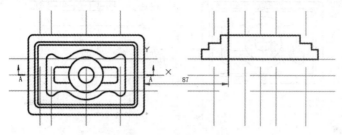

图 9－58　绘制垂直直线(一)

　　采用同样的方法绘制另外 7 条垂直直线,如图 9－59 所示。也可采用"偏移"创建。

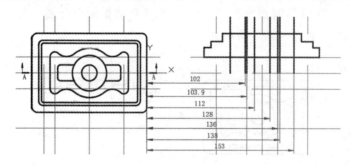

图 9－59　绘制垂直直线(二)

　　绘制水平直线,与坐标原点垂直距离 35。单击【绘图】工具栏中的【直线】按钮,或者在命令输入栏中输入"LINE",起点坐标(0,35),向右移动鼠标至合适位置,单击鼠标"左"键确认,按"Esc"键退出,如图 9－60 所示。

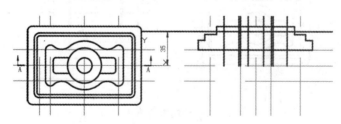

图 9－60　绘制水平直线(一)

　　采用用同样的方法绘制另外 1 条水平直线,如图 9－61 所示。也可采用"偏移"创建。

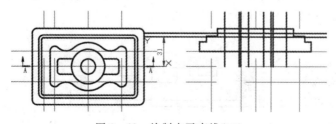

图 9－61　绘制水平直线(二)

修剪多余的线条。单击【修改】工具栏中的【修剪】按钮，或者在命令输入栏中输入"TRIM"，参照垫板零件图实际修剪多余的线条，如图9-62所示。

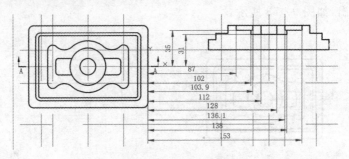

图9-62 修剪多余线条

绘制垂直直线，与坐标原点垂直距离72.5。单击【绘图】工具栏中的【直线】按钮，或者在命令输入栏中输入"LINE"，起点坐标(72.5,0)，向上移动鼠标至合适位置，单击鼠标"左"键确认，按"Esc"键退出，如图9-63所示。

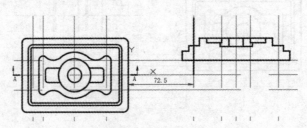

图9-63 绘制垂直直线(一)

采用同样的方法绘制另外5条垂直直线，如图9-64所示。也可采用"偏移"创建。

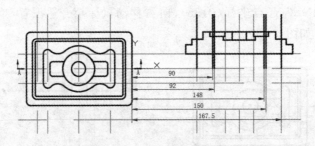

图9-64 绘制垂直直线(二)

绘制水平直线，与坐标原点垂直距离20。单击【绘图】工具栏中的【直线】按钮，或者在命令输入栏中输入"LINE"，起点坐标(0,20)，向右移动鼠标至合适位置，单击鼠标"左"键确认，按"Esc"键退出，如图9-65所示。

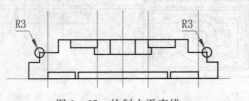

图9-65 绘制水平直线

修剪多余的线条。单击【修改】工具栏中的【修剪】按钮，或者在命令输入栏中输入"TRIM"，参照垫板零件图实际修剪多余的线条，如图 9-66 所示。

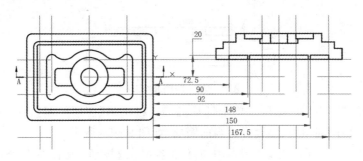

图 9-66　修剪多余线条

绘制 2 个 Φ6 圆。单击【绘图】工具栏中的【圆】按钮，或者在命令输入栏中输入"CIRCLE"，在下拉列表中选择"圆心，半径"选项，圆心位置捕捉如图 9-67 所示，输入半径"3"，按"Enter"键确认，按"Esc"键退出，如图 9-67 所示。

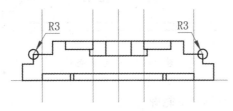

图 9-67　绘制 Φ6 圆

修剪多余的线条。单击【修改】工具栏中的【修剪】按钮，或者在命令输入栏中输入"TRIM"，参照垫板零件图实际修剪多余的线条，如图 9-68 所示。

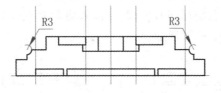

图 9-68　修剪多余线条

倒圆角 R3。单击【修改】工具栏中的【圆角】按钮，或者在命令输入栏中输入"FILLET"，然后在命令输入栏提示输入"R"，然后在命令输入栏输入"3"指定倒圆角半径，参照垫板零件图要求选择对应的两条轮廓线倒圆角 R3，如图 9-69 所示。

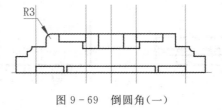

图 9-69　倒圆角（一）

采用同样的方法完成其他位置的倒圆角 R3,如图 9-49 所示。

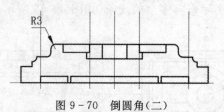

图 9-70　倒圆角(二)

设置"剖面线"层为当前图层。单击【图层】工具栏中的【图层控制】,在下拉列表中选择"剖面线"选项,即将"剖面线"层设置为当前图层,如图 9-50 所示。

绘制剖面线。单击【绘图】工具栏中的【图案填充】按钮,或者在命令输入栏中输入"HATCH",填充图案类型选择"ANSI31",其他选项采用默认设置,参照垫板零件图实际选择剖面线创建区域,按"Enter"键确认,按"Esc"键退出,如图 9-71 所示。

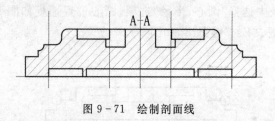

图 9-71　绘制剖面线

9.3.8　绘制垫板 B 向视图外形轮廓

设置"粗实线"层为当前图层。单击【图层】工具栏中的【图层控制】,在下拉列表中选择"粗实线"选项,即将"粗实线"层设置为当前图层,如图 9-13 所示。

绘制 120×80 的矩形。单击【绘图】工具栏中的【矩形】按钮,或者在命令输入栏中输入"RECTANG",输入矩形起点坐标(60,-124),输入矩形终点坐标(180,-44),按"Enter"键确认,按"Esc"键退出,如图 9-72 所示。

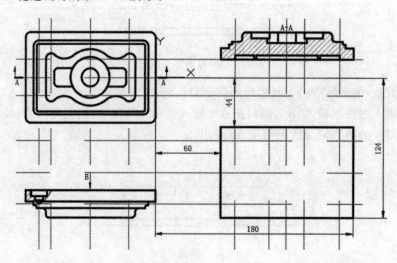

图 9-72　绘制 120×80 矩形

倒圆角 $R5$。单击【修改】工具栏中的【圆角】按钮，或者在命令输入栏中输入"FILLET"，然后在命令输入栏提示输入"R"，然后在命令输入栏输入"5"指定倒圆角半径，参照垫板零件图要求选择对应的两条轮廓线倒圆角 $R5$，如图 9-73 所示。

采用同样的方法绘创建其他位置的倒圆角 $R5$，如图 9-74 所示。

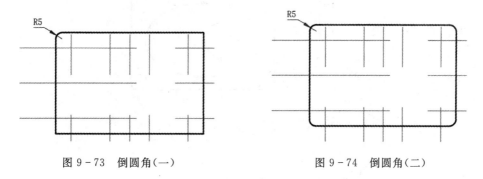

图 9-73 倒圆角(一)　　　　　　　　　图 9-74 倒圆角(二)

绘制长轴 48、短轴 30 的椭圆。单击【绘图】工具栏中的【矩形】按钮，或者在命令输入栏中输入"ELLTPSE"，在下拉列表中选择"圆心"选项，捕捉如图 9-75 所示中心线交点为圆心，输入第一个端点坐标(168,－84)，输入第一个端点坐标(120,－54)，按"Enter"键确认，按"Esc"键退出，如图 9-75 所示。

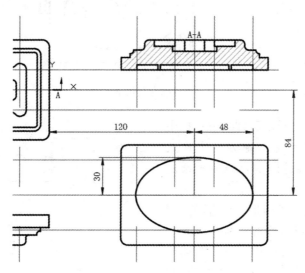

图 9-75 绘制椭圆

绘制 $\Phi28$ 的圆。单击【绘图】工具栏中的【圆】按钮，或者在命令输入栏中输入"CIRCLE"，在下拉列表中选择"圆心,半径"选项，捕捉如图 9-76 所示中心线交点为圆心，输入半径"14"，按"Enter"键确认，按"Esc"键退出，如图 9-76 所示。

采用同样的方法绘制另外一个 $\Phi28$，如图 9-77 所示。

绘制 2 个 $\Phi28$ 的圆的水平切线。单击【绘图】工具栏中的【直线】按钮，或者在命令输入栏中输入"LINE"，起点捕捉其中一个 $\Phi28$ 圆的象限点，起点捕捉另外一个 $\Phi28$ 圆的象限点，单击鼠标"左"键确认，按"Esc"键退出，如图 9-78 所示。

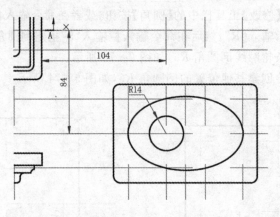

图 9 - 76 绘制 Φ28 圆(一)

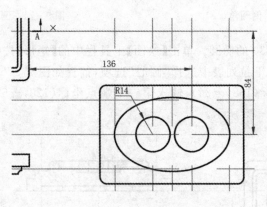

图 9 - 77 绘制 Φ28 圆(二)

修剪多余的线条。单击【修改】工具栏中的【修剪】按钮，或者在命令输入栏中输入"TRIM"，参照垫板零件图实际修剪多余的线条，如图 9 - 79 所示。

创建另外一个同心长圆形。单击【修改】工具栏中的【偏移】按钮，或者在命令输入栏中输入"OFFSET"，输入偏移距离"2"，偏移对象对象拾取如图 9 - 79 所示的长圆形，移动鼠标至长圆形内侧，单击鼠标"左"键确认，按"Esc"键退出，如图 9 - 80 所示。

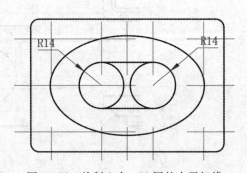

图 9 - 78 绘制 2 个 Φ28 圆的水平切线

绘制 Φ14 圆及其同心圆 Φ8。单击【绘图】工具栏中的【圆】按钮，或者在命令输入栏中输入"CIRCLE"，在下拉列表中选择"圆心，半径"选项，捕捉如图 9 - 81 所示中心线交点为圆心，分别输入半径"7"和"4"，按"Enter"键确认，按"Esc"键退出，如图 9 - 81 所示。

采用同样的方法绘制另外 3 个 Φ24 圆及其同心圆 Φ8，如图 9 - 82 所示。也可采用"镜像"或"阵列"创建。

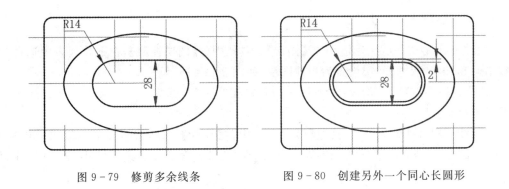

图 9-79 修剪多余线条　　　　图 9-80 创建另外一个同心长圆形

修剪多余的中心线。单击【修改】工具栏中的【打断】按钮,或者在命令输入栏中输入"BREAK",根据垫板零件图轮廓实际情况选择合适位置打断中心线。单击【修改】工具栏中的【删除】按钮,或者在命令输入栏中输入"ERASE",根据垫板零件图实际情况选择删除多余的中心线,按"Enter"键确认,按"Esc"键退出,如图 9-83 所示。

图 9-81 绘制圆(一)　　　　图 9-82 绘制圆(二)

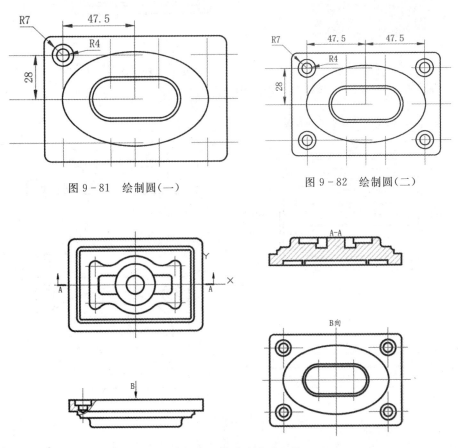

图 9-83 修剪多余中心线

9.3.9 标注零件尺寸

设置"尺寸线"层为当前图。单击【图层】工具栏中的【图层控制】,在下拉列表中选择"尺寸线"选项,即将"尺寸线"层设置为当前图层,如图 9-84 所示。

设置尺寸标注样式。请参照"项目一"和"机械制图"国标规定进行尺寸标注样式设置,这里就不再赘述。

标注线性尺寸 120.0。单击【注释】工具栏中的【线性】按钮,或者在命令输入栏中输入"DIMLINEAR",参照垫板零件图实际选择对应的两条轮廓线完成线性尺寸 120.0 标注,如图 9-85 所示。

图 9-84 选择尺寸线图层

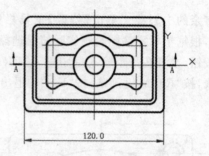

图 9-85 标注线性尺寸(一)

采用同样的方法标注其他线性尺寸,如图 9-86 所示。

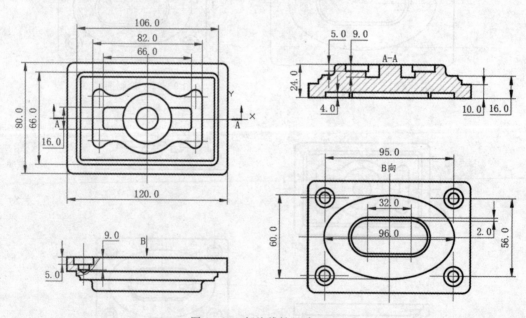

图 9-86 标注线性尺寸(二)

标注半径尺寸 R3.0。单击【注释】工具栏中的【直径】按钮,或者在命令输入栏中输入"DIMRDAIUS"",参照垫板零件图实际选择对应的轮廓线完成半径尺寸 R3.0 标注,如图 9-87 所示。

标注半径尺寸 4-R5.0。单击【注释】工具栏中的【直径】按钮，或者在命令输入栏中输入"DIMRDAIUS""，参照垫板零件图实际选择对应的轮廓线完成半径尺寸 R5.0 标注，然后双击直径尺寸 R5.0 进入编辑模式，在 R5.0 前面添加"4-"，按"Esc"键退出，如图 9-88 所示。

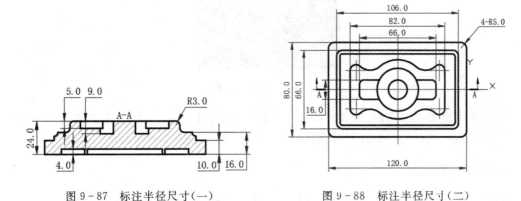

图 9-87　标注半径尺寸(一)　　　　　图 9-88　标注半径尺寸(二)

采用同样的方法标注其他半径尺寸，如图 9-89 所示。

设置"文字"层为当前图。单击【注释】工具栏中的【图层控制】，在下拉列表中选择"文字"选项，即将"文字"层设置为当前图层，如图 9-90 所示。

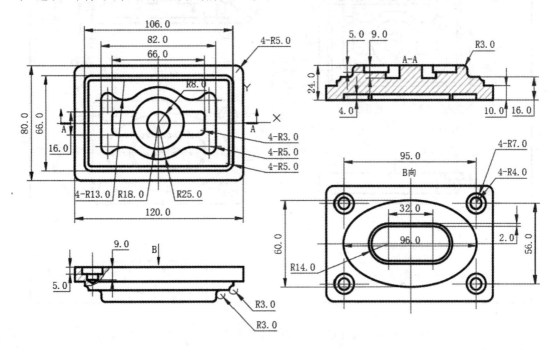

图 9-89　标注半径尺寸(三)

图 9-90　选择文字图层

撰写技术要求。单击【注释】工具栏中的【多行文字】按钮，或者在命令输入栏中输入"TEXT"，在 A3 图幅右下角选择合适区域输入技术要求，如图 9-91 所示。

9.3.10　保存

至此完成垫板零件图的绘制，单击标题栏中【保存】按钮，保存所有数据。

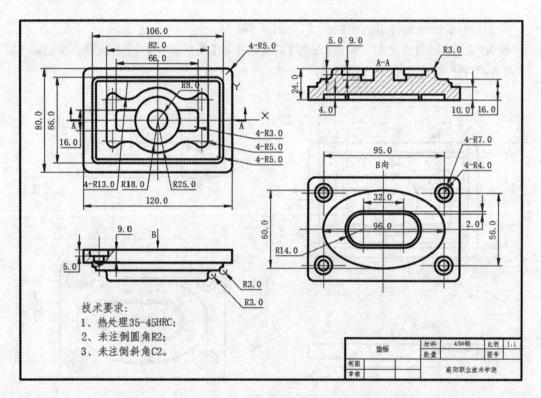

图 9-91　撰写技术要求

9.4　拓展训练

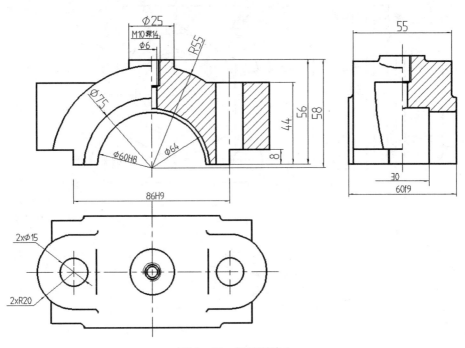

图 9 - 92　拓展训练 1

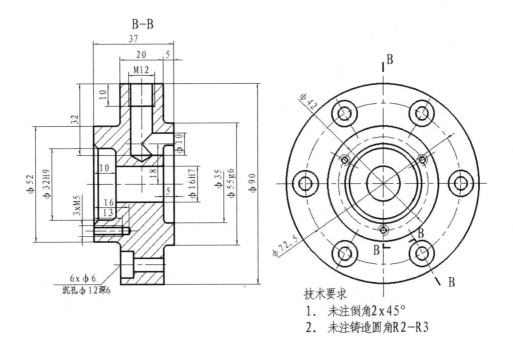

图 9 - 93　拓展训练 2

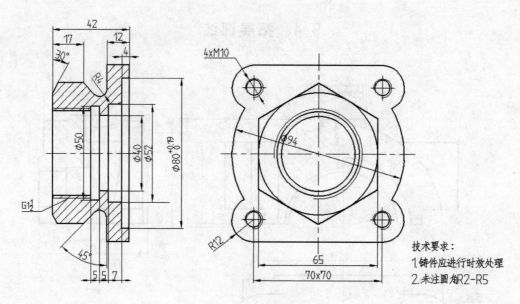

图 9 - 94   拓展训练 3

技术要求：
1.铸件应进行时效处理
2.未注圆角R2-R5

项目五　叉架类零件图绘制

任务 10　拨叉零件图绘制

10.1　任务要求

要求运用 AutoCAD2016 绘制图 10-1 所示拨叉零件图,按照标注尺寸 1∶1 绘制,并标注尺寸。

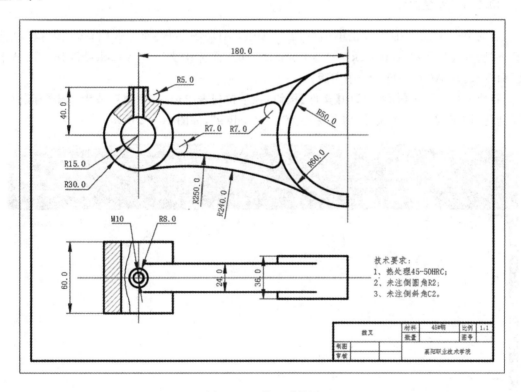

图 10-1　拨叉零件图

10.2　知识目标和能力目标

10.2.1　知识目标

(1)熟练掌握图层的设置方法及操作步骤;

（2）熟练掌握直线、圆、图样填充、阵列等绘图工具的运用；

（3）熟练掌握打断、修剪、倒圆角、偏移、倒斜角等修改工具的运用；

（4）熟练掌握尺寸标注样式的设置方法及各类型尺寸标注；

（5）熟练掌握端点、中点、圆心等对象捕捉命令的运用；

（6）熟练掌握叉架类零件图的绘制方法和思路。

10.2.2 能力目标

能够综合运用所学并按照要求完成较复杂叉架类零件图的绘制及尺寸标注。

10.3 实施过程

10.3.1 新建文件

启动 AutoCAD2016。双击电脑桌面上 AutoCAD2016 的快捷方式图标，或者执行"开始"→"所有程序"→"Autodesk"→"Autodesk2016－简体中文"→"Autodesk2016－简体中文"命令，启动 AutoCAD2016 中文版。

新建文件。单击【标题栏】中【文件】按钮，在下拉列表中选择"新建"，或者单击【标题栏】中【新建】按钮，新建一个文件，将其保存为"拨叉.dwg"，如图 10－2 所示。

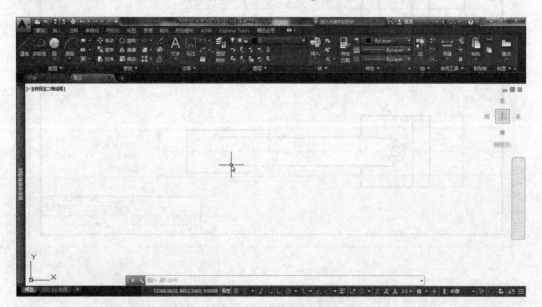

图 10－2　新建"拨叉"文件

10.3.2 设定图层

单击【图层】工具栏中的【图层特性】按钮，或者在命令输入栏中输入"LAYER"，弹出【图层特性管理器】对话框，如图 10-3 所示；根据绘制拨叉零件图需要在【图层特性管理器】中添加图层，设置名称、颜色、线性、线宽等图层参数，如图 10-4 所示。

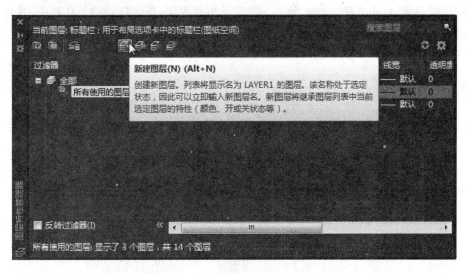

图 10-3　"图层特性管理器"对话框

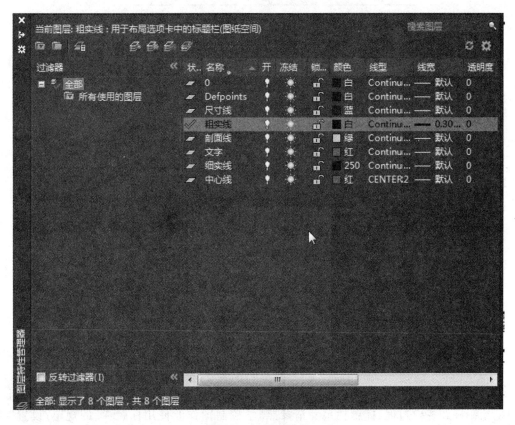

图 10-4　图层设置

10.3.3 设置图幅

绘制 A3 图幅的外边框。设置"细实线"层为当前图层,单击【绘图】工具栏中的【矩形】按钮,或者在命令输入栏中输入"RECTANG",输入矩形起点坐标(0,0),输入矩形终点坐标(420,297),按"Enter"键确认,按"Esc"键退出,如图 10-5 所示。

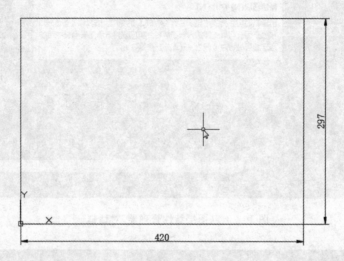

图 10-5 绘制 A3 图幅外边框

绘制 A3 图幅的内边框。设置"粗实线"层为当前图层,单击【绘图】工具栏中的【矩形】按钮,或者在命令输入栏中输入"RECTANG",输入矩形起点坐标(10,10),输入矩形终点坐标410,287),按"Enter"键确认,按"Esc"键退出,如图 10-6 所示。

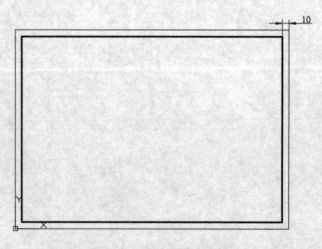

图 10-6 绘制图幅内边框

绘制标题栏。设置"粗实线"层为当前图层,绘制标题栏外边框;设置"细实线"层为当前图层,绘制标题栏内边框,标题栏尺寸请参照"学校制图作业使用标题栏"的规定;设置"文字"层为当前图层,填写标题栏,如图 10-7 所示。

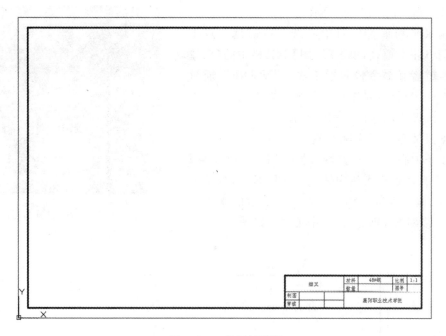

图 10-7　绘制标题栏

10.3.4　绘制中心线

移动坐标系至图框中心区域,便于视图绘制。单击工具分类栏中的【可视化】按钮,进入【可视化】界面,然后单击【坐标】工具中的【原点】按钮,在命令输入中输入坐标(310,200,0)坐标系原点,如图 10-8 所示。

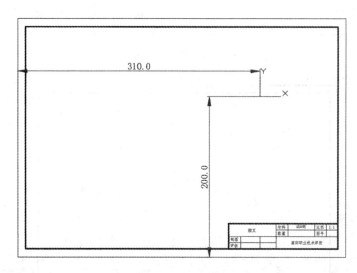

图 10-8　移动坐标系至图框中心

设置"中心线"层为当前图层。单击工具分类栏中的【默认】按钮,进入【可视化】界面,单击【图层】工具栏中的【图层控制】按钮,在下拉列表中选择"中心线"选项,即将"中心线"层设置为当前图层,如图 10-9 所示。

图 10-9 将"中心线"设置为当前图层

绘制水平和垂直方向中心线。在键盘上点击"F8"键打开正交模式,单击【绘图】工具栏中的【构造线】按钮,或者在命令输入栏中输入"XLINE",通过坐标原点(0,0)分别创建水平和垂直方方向中心线,按鼠标左键确认,如图 10-10 所示。

根据拨叉零件图实际及视图均匀布局原则,绘制另外 1 条中心线。单击【修改】工具栏中的【偏移】按钮,或者在命令输入栏中输入"OFFSET",分别输入 120mm 偏移距离,拾取图 10-10 所示的水平中心线为偏移对象,创建水平中心线,如图 10-11 所示。

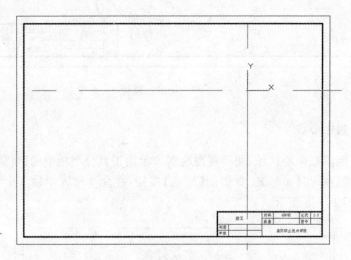

图 10-10 绘制水平、垂直中心线

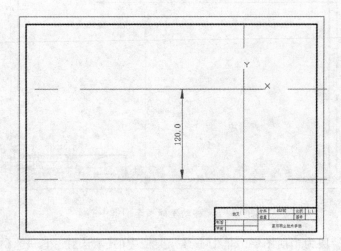

图 10-11 绘制水平中心线

采用同样的方法绘制另外 1 条垂直中心线,如图 10 - 12 所示。

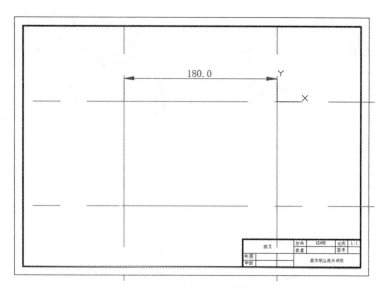

图 10 - 12　绘制垂直中心线

10.3.5　绘制拨叉主视图外形轮廓

设置"粗实线"层为当前图层。单击【图层】工具栏中的【图层控制】,在下拉列表中选择"粗实线"选项,即将"粗实线"层设置为当前图层,如图 10 - 13 所示。

绘制 Φ100 圆。单击【绘图】工具栏中的【圆】按钮,或者在命令输入栏中输入"CIRCLE",在下拉列表中选择"圆心,半径"选项,圆心捕捉坐标原点,输入半径"50",按"Enter"键确认,按"Esc"键退出,如图 10 - 14 所示。

图 10 - 13　将"粗实线"设置为当前图层

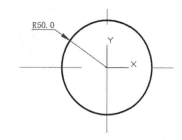

图 10 - 14　绘制 Φ100 圆

采用同样的方法绘制另外 3 个圆,如图 10 - 15 所示。

绘制 Φ480 圆。单击【绘图】工具栏中的【圆】按钮,或者在命令输入栏中输入"CIRCLE",在下拉列表中选择"相切,相切,半径"选项,如图 10 - 16 所示选择第一相切圆,如图 10－16 所示选择第二相切圆,输入半径"240",按"Enter"键确认,按"Esc"键退出,如图 10－16 示。

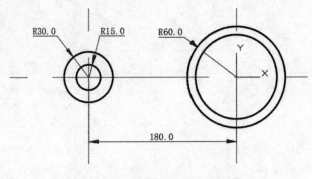

图 10－15　绘制 R30、R15、R60 圆

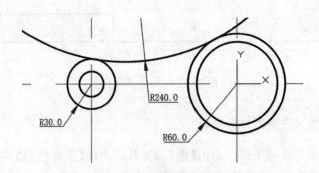

图 10－16　绘制公切圆弧 R240

绘制 Φ500 圆,Φ480 圆的同心圆。单击【绘图】工具栏中的【圆】按钮,或者在命令输入栏中输入"CIRCLE",在下拉列表中选择"圆心,半径"选项,圆心捕捉 Φ440 圆的圆心,输入半径"250",按"Enter"键确认,按"Esc"键退出,如图 10－17 所示。

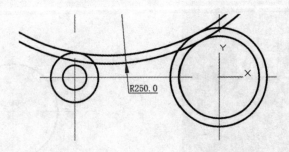

图 10－17　绘制 R250 圆弧

绘制垂直直线。单击【绘图】工具栏中的【直线】按钮,或者在命令输入栏中输入"LINE",起点坐标(0,－60),向上移动鼠标至合适位置,单击鼠标"左"键确认,按"Esc"键退出,如图 10－18 所示。

修剪多余的线条。单击【修改】工具栏中的【修剪】按钮,或者在命令输入栏中输入"TRIM",参照拨叉零件图实际修剪多余的线条,如图 10－19 所示。

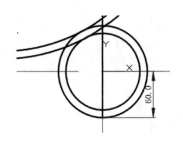

图 10-18　绘制垂直直线

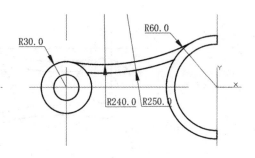

图 10-19　修剪多余线条后效果

　　镜像创建部分拨叉主视图轮廓的下半部分。单击【修改】工具栏中的【镜像】按钮，或者在命令输入栏中输入"MIRROR"，镜像对象拾取拨叉主视图部分轮廓线，镜像中心线拾取通过坐标原点水平中心线上任意两点创建，如图 10-20 所示。

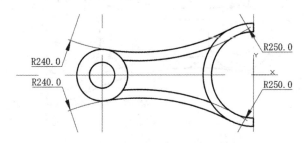

图 10-20　镜像创建部分拨叉主视图轮廓的下半部分

　　绘制垂直直线。单击【绘图】工具栏中的【直线】按钮，或者在命令输入栏中输入"LINE"，起点坐标(-188,0)，向上移动鼠标至合适位置，单击鼠标"左"键确认，按"Esc"键退出，如图 10-21 所示。

　　采用同样的方法绘制另外 1 条垂直直线，如图 10-22 所示。

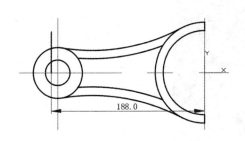

图 10-21　绘制垂直直线(一)

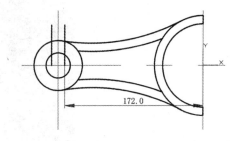

图 10-22　绘制垂直直线(二)

　　绘制水平直线，与坐标原点垂直距离 40。单击【绘图】工具栏中的【直线】按钮，或者在命令输入栏中输入"LINE"，起点坐标(0,40)，向左移动鼠标至合适位置，单击鼠标"左"键确认，按"Esc"键退出，如图 10-23 所示。

　　修剪多余的线条。单击【修改】工具栏中的【修剪】按钮，或者在命令输入栏中输入"TRIM"，参照拨叉零件图实际修剪多余的线条，如图 10-24 所示。

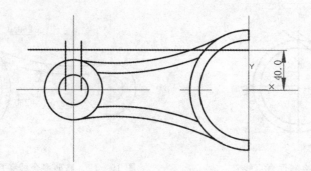

图 10-23　绘制水平直线

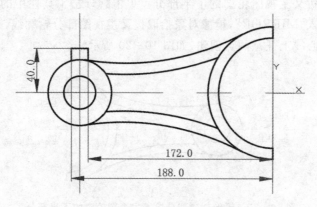

图 10-24　修剪多余线条后效果

设置"细实线"层为当前图层。单击【图层】工具栏中的【图层控制】，在下拉列表中选择"细实线"选项，即将"细实线"层设置为当前图层，如图 10-25 所示。

图 10-25　将"细实线"设置为当前图层

绘制局部剖视图的剖切线。单击【绘图】工具栏中的【样条曲线拟合】按钮，或者在命令输入栏中输入"SPLINE"，参照拨叉零件图实际选择合适的位置绘制剖切线，如图 10-26 所示。

修剪多余的线条。单击【修改】工具栏中的【修剪】按钮，或者在命令输入栏中输入

"TRIM",参照拨叉零件图实际修剪多余的线条,如图 10-27 所示。

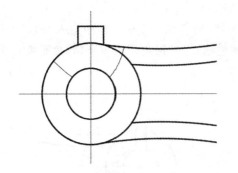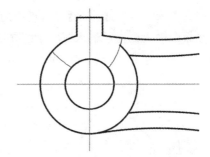

图 10-26　绘制局部剖视图的剖切线　　　　图 10-27　修剪多余线条后效果

绘制 M10 螺纹的 2 条大径线。单击【绘图】工具栏中的【直线】按钮,或者在命令输入栏中输入"LINE",起点坐标分别输入(−185,0)、(−175,0),向上移动鼠标至合适位置,单击鼠标"左"键确认,按"Esc"键退出,如图 10-28 所示。

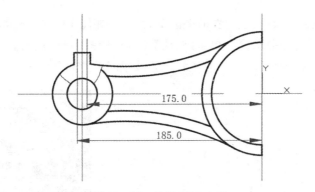

图 10-28　绘制 M10 大径

设置"粗实线"层为当前图层。单击【图层】工具栏中的【图层控制】,在下拉列表中选择"粗实线"选项,即将"粗实线"层设置为当前图层,如图 10-13 所示。

绘制 M10 螺纹的 2 条小径线。单击【绘图】工具栏中的【直线】按钮,或者在命令输入栏中输入"LINE",起点坐标分别输入(−175.8,0)、(−184.3,0),向上移动鼠标至合适位置,单击鼠标"左"键确认,按"Esc"键退出,如图 10-29 所示。

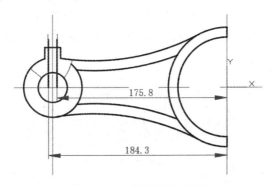

图 10-29　绘制 M10 小径

修剪多余的线条。单击【修改】工具栏中的【修剪】按钮,或者在命令输入栏中输入"TRIM",参照拨叉零件图实际修剪多余的线条,如图 10-30 所示。

倒圆角 $R5$。单击【修改】工具栏中的【圆角】按钮,或者在命令输入栏中输入"FILLET",然后在命令输入栏提示输入"R",然后在命令输入栏输入"5"指定倒圆角半径,参照拨叉零件图要求选择对应的两条轮廓线倒圆角 $R5$,如图 10-31 所示。

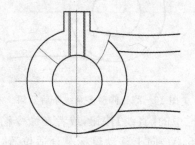

图 10-30　修剪多余线条后效果

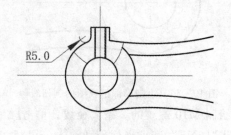

图 10-31　倒圆角 $R5$

采用同样的方法绘创建其他位置的倒圆角 $R5$、$R7$,如图 10-32 所示。

设置"剖面线"层为当前图层。单击【图层】工具栏中的【图层控制】,在下拉列表中选择"剖面线"选项,即将"剖面线"层设置为当前图层,如图 10-33 所示。

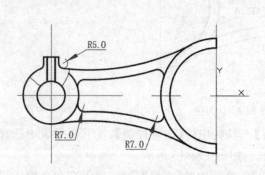

图 10-32　倒圆角

图 10-33　将"剖面线"设置为当前图层

绘制剖面线。单击【绘图】工具栏中的【图案填充】按钮,或者在命令输入栏中输入"HATCH",填充图案类型选择"ANSI31",其他选项采用默认设置,参照拨叉零件图实际选择剖面线创建区域,按"Enter"键确认,按"Esc"键退出,如图 10-34 所示。

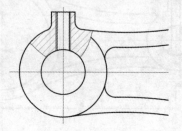

图 10-34　填充剖面线

10.3.6　绘制拨叉俯视图外形轮廓

设置"粗实线"层为当前图层。单击【图层】工具栏中的【图层控制】,在下拉列表中选择"粗实线"选项,即将"粗实线"层设置为当前图层,如图 10-13 所示。

绘制水平直线,与坐标原点垂直距离 40。单击【绘图】工具栏中的【直线】按钮,或者在命令输入栏中输入"LINE",起点坐标(0,-102),向左移动鼠标至合适位置,单击鼠标"左"键确认,按"Esc"键退出,如图 10-35 所示。

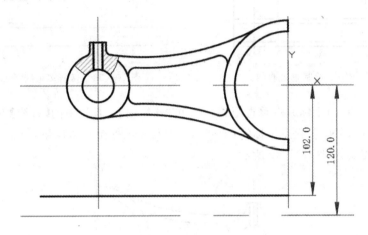

图 10-35　绘制水平直线(一)

采用同样的方法绘制另外 3 条水平直线,如图 10-36 所示。

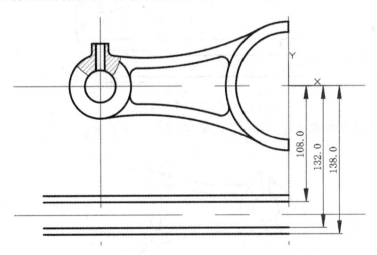

图 10-36　绘制水平直线(二)

根据"长对正,高平齐,宽相等"的投影原理,绘制部分垂直直线。单击【绘图】工具栏中的【直线】按钮,或者在命令输入栏中输入"LINE",起点捕捉如图 10-37 所示,向下移动鼠标至合适位置,单击鼠标"左"键确认,按"Esc"键退出,如图 10-37 所示。

修剪多余的线条。单击【修改】工具栏中的【修剪】按钮,或者在命令输入栏中输入

"TRIM",参照拨叉零件图实际修剪多余的线条,如图 10 - 38 所示。

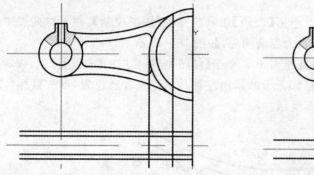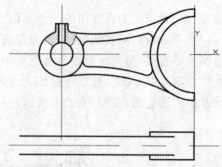

图 10 - 37　绘制垂直直线　　　　　　　　图 10 - 38　修剪多余线条后效果

　　绘制水平直线,与坐标原点垂直距离 90。单击【绘图】工具栏中的【直线】按钮,或者在命令输入栏中输入"LINE",起点坐标(0,-90),向左移动鼠标至合适位置,单击鼠标"左"键确认,按"Esc"键退出,如图 10 - 39 所示。

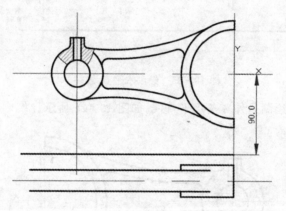

图 10 - 39　绘制水平直线(一)

　　采用同样的方法绘制另外 1 条水平直线,如图 10 - 40 所示。

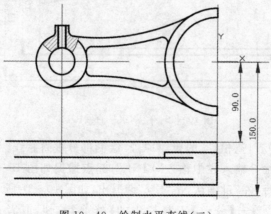

图 10 - 40　绘制水平直线(二)

根据"长对正,高平齐,宽相等"的投影原理,绘制部分垂直直线。单击【绘图】工具栏中的【直线】按钮,或者在命令输入栏中输入"LINE",起点捕捉如图 10-41 所示,向下移动鼠标至合适位置,单击鼠标"左"键确认,按"Esc"键退出,如图 10-41 所示。

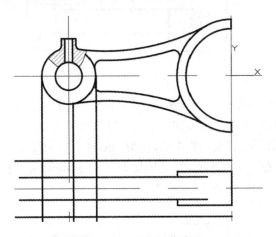

图 10-41 绘制垂直直线

修剪多余的线条。单击【修改】工具栏中的【修剪】按钮,或者在命令输入栏中输入"TRIM",参照拨叉零件图实际修剪多余的线条,如图 10-42 所示。

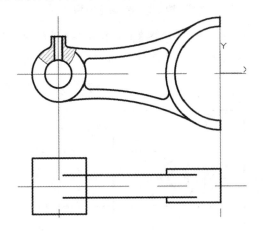

图 10-42 修剪多余线条后效果

绘制 Φ16 圆。单击【绘图】工具栏中的【圆】按钮,或者在命令输入栏中输入"CIRCLE",在下拉列表中选择"圆心,半径"选项,圆心捕捉如图 10-43 所示,输入半径"8",按"Enter"键确认,按"Esc"键退出,如图 10-43 所示。

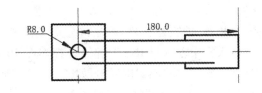

图 10-43 绘制 Φ16 圆

采用同样的方法绘另外一个 Φ8.5 圆,如图 10 - 44 所示。

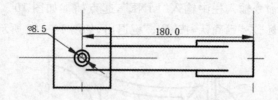

图 10 - 44　绘制 Φ8.5 圆

设置"细实线"层为当前图层。单击【图层】工具栏中的【图层控制】,在下拉列表中选择"细实线"选项,即将"细实线"层设置为当前图层,如图 10 - 25 所示。

绘制 Φ10 圆。单击【绘图】工具栏中的【圆】按钮,或者在命令输入栏中输入"CIRCLE",在下拉列表中选择"圆心,半径"选项,圆心捕捉如图 10 - 45 所示,输入半径"5",按"Enter"键确认,按"Esc"键退出,如图 10 - 45 示

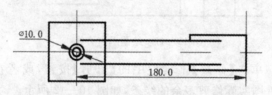

图 10 - 45　绘制 Φ10 圆

绘制局部剖视图的剖切线。单击【绘图】工具栏中的【样条曲线拟合】按钮,或者在命令输入栏中输入"SPLINE",参照拨叉零件图实际选择合适的位置绘制剖切线,如图 10 - 46 所示。

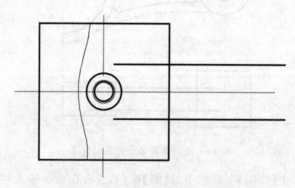

图 10 - 46　绘制局部剖视图的剖切线

设置"粗实线"层为当前图层。单击【图层】工具栏中的【图层控制】,在下拉列表中选择"粗实线"选项,即将"粗实线"层设置为当前图层,如图 10 - 13 所示。

根据"长对正,高平齐,宽相等"的投影原理,绘制部分垂直直线。单击【绘图】工具栏中的【直线】按钮,或者在命令输入栏中输入"LINE",起点捕捉如图 10 - 47 所示,向下移动鼠标至合适位置,单击鼠标"左"键确认,按"Esc"键退出,如图 10 - 47 所示。

修剪多余的线条。单击【修改】工具栏中的【修剪】按钮,或者在命令输入栏中输入

"TRIM",参照拨叉零件图实际修剪多余的线条,如图 10-48 所示。

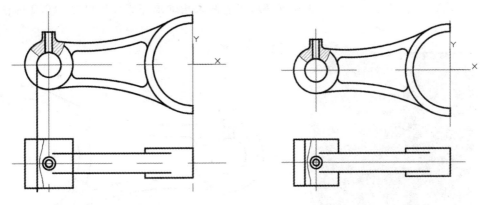

图 10-47　绘制垂直直线　　　　　　　　图 10-48　修剪后多余线条后效果图

　　设置"剖面线"层为当前图层。单击【图层】工具栏中的【图层控制】,在下拉列表中选择"剖面线"选项,即将"剖面线"层设置为当前图层,如图 10-33 所示。

　　绘制剖面线。单击【绘图】工具栏中的【图案填充】按钮,或者在命令输入栏中输入"HATCH",填充图案类型选择"ANSI31",其他选项采用默认设置,参照拨叉零件图实际选择剖面线创建区域,按"Enter"键确认,按"Esc"键退出,如图 10-49 所示。

　　修剪多余的中心线。单击【修改】工具栏中的【打断】按钮,或者在命令输入栏中输入"BREAK",根据拨叉零件图轮廓实际情况选择合适位置打断中心线。单击【修改】工具栏中的【删除】按钮,或者在命令输入栏中输入"ERASE",根据拨叉零件图实际情况选择删除多余的中心线,按"Enter"键确认,按"Esc"键退出,如图 10-50 所示。

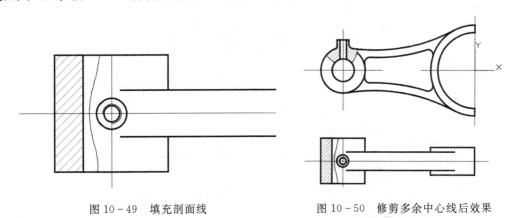

图 10-49　填充剖面线　　　　　　　　　图 10-50　修剪多余中心线后效果

10.3.7　标注零件尺寸

　　设置"尺寸线"层为当前图。单击【图层】工具栏中的【图层控制】,在下拉列表中选择"尺寸线"选项,即将"尺寸线"层设置为当前图层,如图 10-51 所示。

　　设置尺寸标注样式。请参照"项目一"和"机械制图"国标规定进行尺寸标注样式设置,这里就不再赘述。

标注线性尺寸 180.0。单击【注释】工具栏中的【线性】按钮,或者在命令输入栏中输入"DIMLINEAR",参照拨叉零件图实际选择对应的两条轮廓线完成线性尺寸 180.0 标注,如图 10-52 所示。

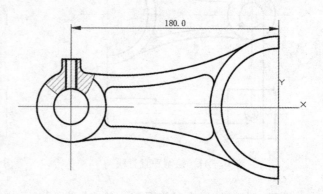

图 10-51　将"尺寸线"设置为当前　　　　图 10-52　标注线性尺寸

采用同样的方法标注其他线性尺寸,如图 10-53 所示。

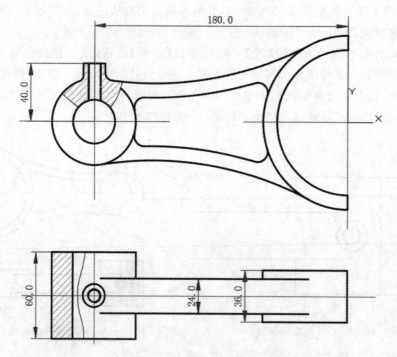

图 10-53　标注其他线性尺寸

标注半径尺寸 R5.0。单击【注释】工具栏中的【直径】按钮,或者在命令输入栏中输入"DIMRDAIUS"",参照拨叉零件图实际选择对应的轮廓线完成半径尺寸 R5.0 标注,如图 10-54 所示。

采用同样的方法标注其他半径尺寸,如图 10-55 所示。

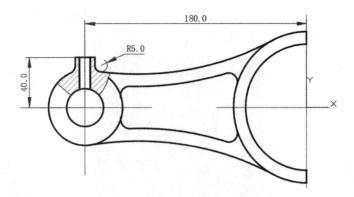

图 10-54　标注半径尺寸 R5.0

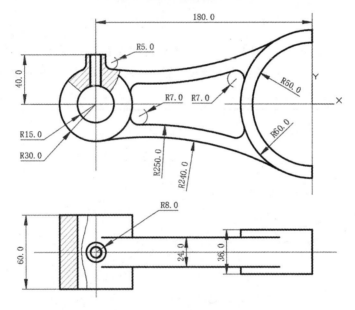

图 10-55　标注其他半径尺寸

　　标注螺纹尺寸 M10。单击【注释】工具栏中的【直径】按钮,或者在命令输入栏中输入"DIMDIAMETER",参照拨叉零件图实际选择对应的轮廓线完成直径尺寸 Φ10.0 标注,然后双击直径尺寸 Φ10.0 进入编辑模式,删除"Φ16.0"后重新输入"M10",按"Esc"键退出,如图 10-56 所示。

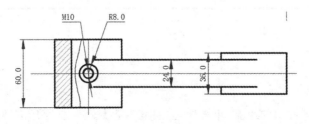

图 10-56　标注螺纹尺寸 M10

设置"文字"层为当前图。单击【注释】工具栏中的【图层控制】,在下拉列表中选择"文字"选项,即将"文字"层设置为当前图层,如图 10-57 所示。

图 10-57 将"文字"设置为当前图层

撰写技术要求。单击【注释】工具栏中的【多行文字】按钮,或者在命令输入栏中输入"TEXT",在 A3 图幅右下角选择合适区域输入技术要求,如图 10-58 所示。

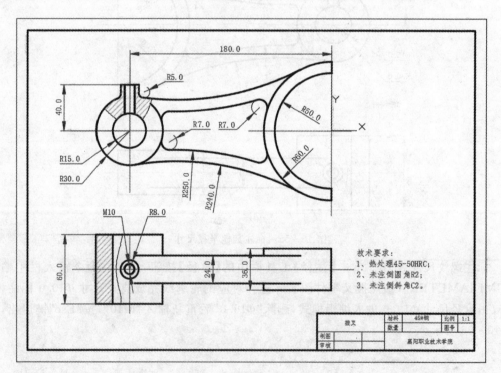

图 10-58 撰写技术要求

10.3.8 保存

至此完成拨叉零件图的绘制,单击标题栏中【保存】按钮,保存所有数据。

10.4 拓展训练

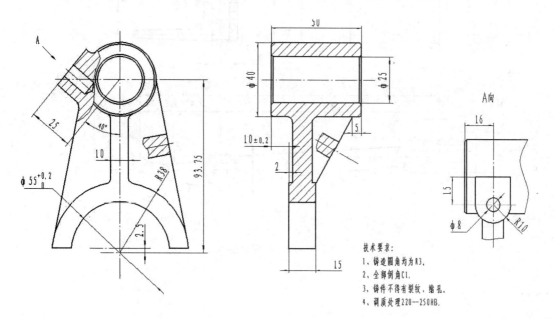

图 10-59 拓展训练 1

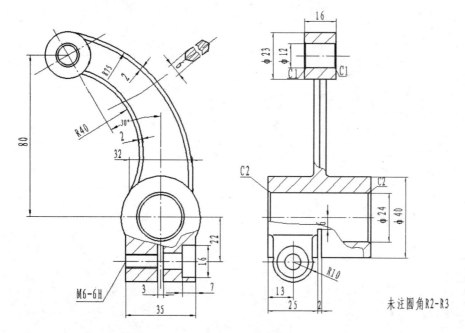

图 10-60 拓展训练 2

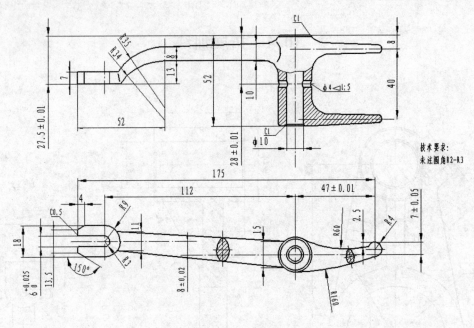

技术要求:
未注圆角R2-R3

图 10 - 61　拓展训练 3

任务 11 支架零件图绘制

11.1 任务要求

要求运用 AutoCAD2016 绘制如图 11−1 所示支架零件图,按照标注尺寸 1∶1 绘制,并标注尺寸。

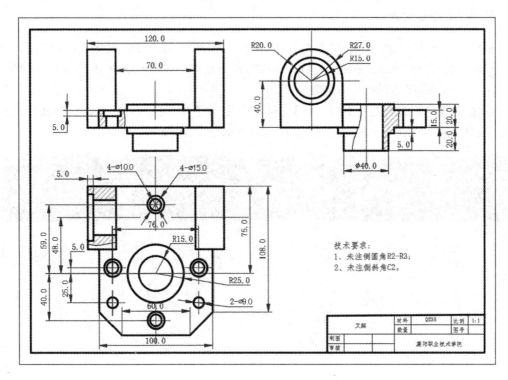

图 11−1 支架零件图

11.2 知识目标和能力目标

11.2.1 知识目标

(1)熟练掌握图层的设置方法及操作步骤;

(2)熟练掌握直线、圆、图样填充、阵列等绘图工具的运用;

（3）熟练掌握打断、修剪、倒圆角、偏移、倒斜角等修改工具的运用；

（4）熟练掌握尺寸标注样式的设置方法及各类型尺寸标注；

（5）熟练掌握端点、中点、圆心等对象捕捉命令的运用；

（6）熟练掌握叉架类零件图的绘制方法和思路。

11.2.2 能力目标

能够综合运用所学并按照要求完成复杂叉架类零件图的绘制及尺寸标注。

11.3 实施过程

11.3.1 新建文件

启动 AutoCAD2016。双击电脑桌面上 AutoCAD2016 的快捷方式图标，或者执行"开始"→"所有程序"→"Autodesk"→"Autodesk2016－简体中文"→"Autodesk2016－简体中文"命令，启动 AutoCAD2016 中文版。

新建文件。单击【标题栏】中【文件】按钮，在下拉列表中选择"新建"，或者单击【标题栏】中【新建】按钮，新建一个文件，将其保存为"叉架.dwg"，如图 11－2 所示。

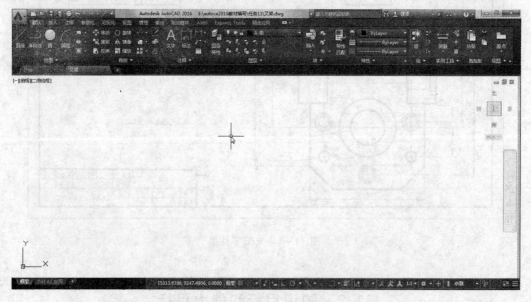

图 11－2 新建"支架"文件

11.3.2 设定图层

单击【图层】工具栏中的【图层特性】按钮，或者在命令输入栏中输入"LAYER"，弹出【图层特性管理器】对话框，如图 11－3 所示；根据绘制叉架零件图需要在【图层特性管理器】中添加图层,设置名称、颜色、线性、线宽等图层参数,如图 11 - 4 所示。

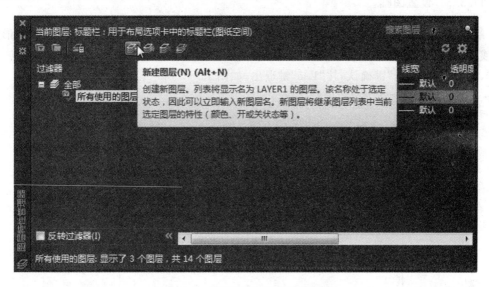

图 11 - 3 "图层特性管理器"对话框

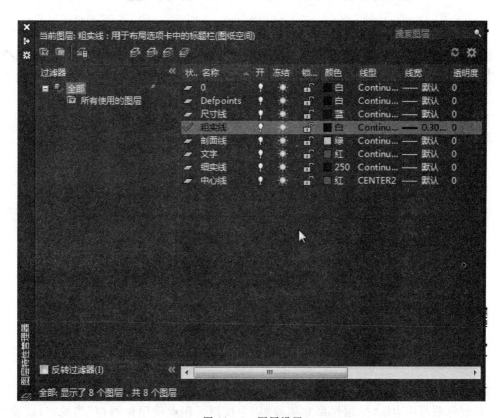

图 11 - 4 图层设置

11.3.3 设置图幅

绘制 A3 图幅的外边框。设置"细实线"层为当前图层,单击【绘图】工具栏中的【矩形】按钮,或者在命令输入栏中输入"RECTANG",输入矩形起点坐标(0,0),输入矩形终点坐标(420,297),按"Enter"键确认,按"Esc"键退出,如图 11-5 所示。

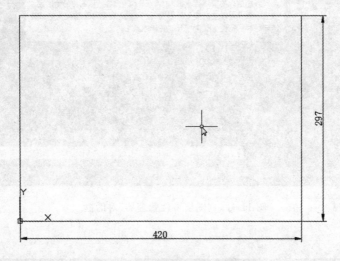

图 11-5 绘制 A3 图幅外边框

绘制 A3 图幅的内边框。设置"粗实线"层为当前图层,单击【绘图】工具栏中的【矩形】按钮,或者在命令输入栏中输入"RECTANG",输入矩形起点坐标(10,10),输入矩形终点坐标410,287),按"Enter"键确认,按"Esc"键退出,如图 11-6 所示。

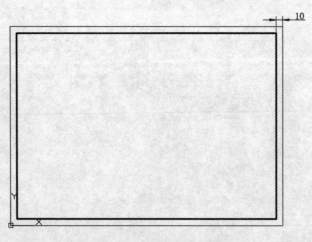

图 11-6 绘制图幅内边框

绘制标题栏。设置"粗实线"层为当前图层,绘制标题栏外边框;设置"细实线"层为当前图层,绘制标题栏内边框,标题栏尺寸请参照"学校制图作业使用标题栏"的规定;设置"文字"层为当前图层,填写标题栏,如图 11-7 所示。

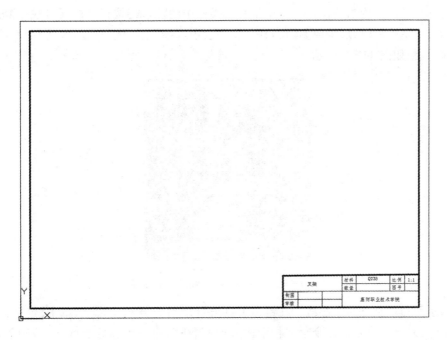

图 11-7 绘制标题栏

11.3.4 绘制中心线

移动坐标系至图框中心区域,便于视图绘制。单击工具分类栏中的【可视化】按钮,进入【可视化】界面,然后单击【坐标】工具中的【原点】按钮,在命令输入中输入坐标(120,78,0)坐标系原点,如图 11-8 所示。

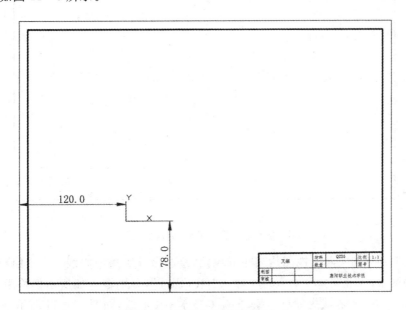

图 11-8 移动坐标系至图框中心

设置"中心线"层为当前图层。单击工具分类栏中的【默认】按钮,进入【可视化】界面,单击【图层】工具栏中的【图层控制】按钮,在下拉列表中选择"中心线"选项,即将"中心线"层设置为当前图层,如图 11-9 所示。

图 11-9 将"中心线"设置为当前图层

绘制水平和垂直方向中心线。在键盘上点击"F8"键打开正交模式,单击【绘图】工具栏中的【构造线】按钮,或者在命令输入栏中输入"XLINE",通过坐标原点(0,0)分别创建水平和垂直方方向中心线,按鼠标左键确认,如图 11-10 所示。

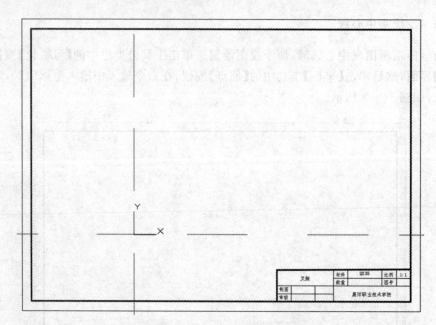

图 11-10 绘制水平、垂直中心线

根据叉架零件图实际及视图均匀布局原则,绘制另外 1 条中心线。单击【修改】工具栏中的【偏移】按钮,或者在命令输入栏中输入"OFFSET",分别输入如所示偏移距离,拾取图 11-10 所示的水平中心线为偏移对象,创建 6 条水平中心线,如图 11-11 所示。

采用同样的方法绘制 4 条垂直中心线,如图 11-12 所示。

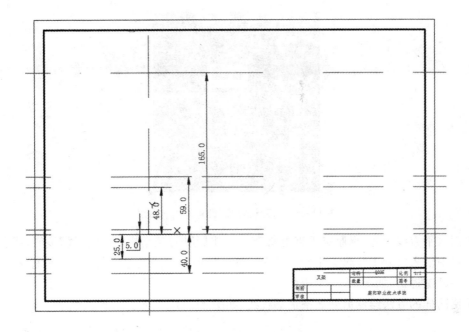

图 11 - 11　绘制水平中心线

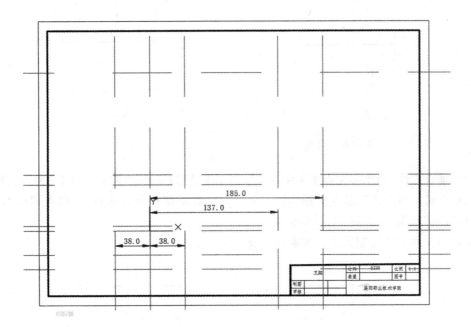

图 11 - 12　绘制垂直中心线

11.3.5　绘制叉架俯视图外形轮廓

设置"粗实线"层为当前图层。单击【图层】工具栏中的【图层控制】,在下拉列表中选择"粗实线"选项,即将"粗实线"层设置为当前图层,如图 11 - 13 所示。

图 11-13 将"粗实线"设置为当前图层

绘制水平直线,与坐标原点垂直距离 75。单击【绘图】工具栏中的【直线】按钮,或者在命令输入栏中输入"LINE",起点坐标(0,75),向右移动鼠标至合适位置,单击鼠标"左"键确认,按"Esc"键退出,如图 11-14 所示。

采用同样的方法绘制另外 2 条水平直线,如图 11-15 所示。

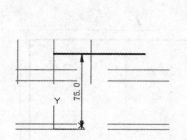

图 11-14 绘制水平直线(一)

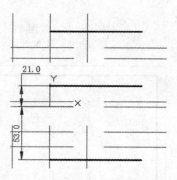

图 11-15 绘制水平直线(二)

绘制垂直直线,与坐标原点水平距离 35。单击【绘图】工具栏中的【直线】按钮,或者在命令输入栏中输入"LINE",起点坐标(35,-60),向上移动鼠标至合适位置,单击鼠标"左"键确认,按"Esc"键退出,如图 11-16 所示。

采用同样的方法绘制另外 2 条垂直直线,如图 11-17 所示。

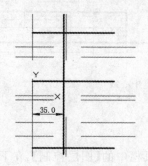

图 11-16 绘制垂直直线(一)

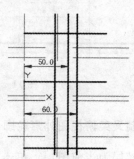

图 11-17 绘制垂直直线(二)

修剪多余的线条。单击【修改】工具栏中的【修剪】按钮,或者在命令输入栏中输入"TRIM",参照叉架零件图实际修剪多余的线条,如图 11-18 所示。

倒斜角 C20。单击【修改】工具栏中的【倒角】按钮,或者在命令输入栏中输入"CHAMFER",然后在命令输入栏提示输入"D",然后在命令输入栏输入"20"指定倒斜角距离,参照叉架零件图要求选择对应的两条轮廓线倒斜角 C20,如图 11-19 所示。

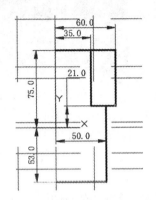

图 11-18 修剪多余线条后的效果

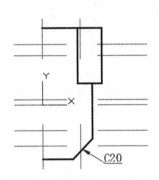

图 11-19 倒斜角 C20

镜像创建部分叉架俯视图的左半部分。单击【修改】工具栏中的【镜像】按钮,或者在命令输入栏中输入"MIRROR",镜像对象拾取叉架俯视图右半部分轮廓线,镜像中心线拾取通过坐标原点垂直中心线上任意两点创建,如图 11-20 所示。

绘制 Φ50 圆。单击【绘图】工具栏中的【圆】按钮,或者在命令输入栏中输入"CIRCLE",在下拉列表中选择"圆心,半径"选项,圆心捕捉坐标原点,输入半径"25",按"Enter"键确认,按"Esc"键退出,如图 11-21 所示。

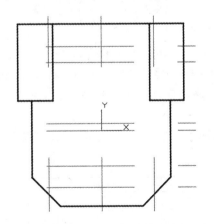

图 11-20 镜像创建部分叉架俯视图的左部分

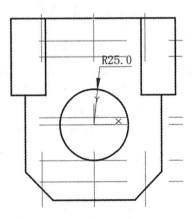

图 11-21 绘制 Φ50 圆

采用同样的方法绘制另外 4 个 Φ10、2 个 Φ9、4 个 Φ15、1 个 Φ30 圆,如图 11-22 所示。

设置"细实线"层为当前图层。单击【图层】工具栏中的【图层控制】,在下拉列表中选择"细实线"选项,即将"细实线"层设置为当前图层,如图 11-23 所示。

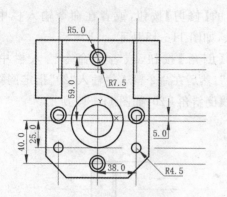

图 11-22　绘制其他圆

图 11-23　将"细实线"设置为当前图层

绘制局部剖视图的剖切线。单击【绘图】工具栏中的【样条曲线拟合】按钮，或者在命令输入栏中输入"SPLINE"，参照叉架零件图实际选择合适的位置绘制剖切线，如图 11-24 所示。

设置"粗实线"层为当前图层。单击【图层】工具栏中的【图层控制】，在下拉列表中选择"粗实线"选项，即将"粗实线"层设置为当前图层，如图 11-13 所示。

绘制垂直直线，与坐标原点水平距离 55。单击【绘图】工具栏中的【直线】按钮，或者在命令输入栏中输入"LINE"，起点坐标(-55,0)，向上移动鼠标至合适位置，单击鼠标"左"键确认，按"Esc"键退出，如图 11-25 所示。

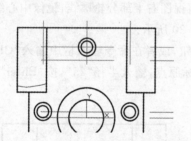

图 11-24　绘制局部剖视图的剖切线

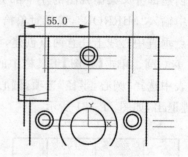

图 11-25　绘制垂直直线

绘制水平直线，与坐标原点垂直距离 28。单击【绘图】工具栏中的【直线】按钮，或者在命令输入栏中输入"LINE"，起点坐标(0,28)，向左移动鼠标至合适位置，单击鼠标"左"键确认，按"Esc"键退出，如图 11-26 所示。

采用同样的方法绘制另外 3 条水平直线，如图 11-27 所示。也可以采用"偏移"创建。

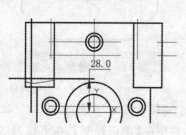

图 11-26　绘制水平直线

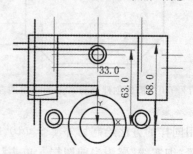

图 11-27　绘制另外 3 条水平直线

修剪多余的线条。单击【修改】工具栏中的【修剪】按钮，或者在命令输入栏中输入"TRIM"，参照叉架零件图实际修剪多余的线条，如图 11-28 所示。

设置"剖面线"层为当前图层。单击【图层】工具栏中的【图层控制】，在下拉列表中选择"剖面线"选项，即将"剖面线"层设置为当前图层，如图 11-29 所示。

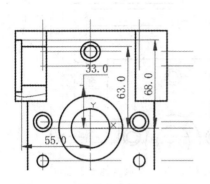

图 11-28　修剪多余线条后效果

图 11-29　将"剖面线"设置为当前图层

绘制剖面线。单击【绘图】工具栏中的【图案填充】按钮，或者在命令输入栏中输入"HATCH"，填充图案类型选择"ANSI31"，其他选项采用默认设置，参照叉架零件图实际选择剖面线创建区域，按"Enter"键确认，按"Esc"键退出，如图 11-30 所示。

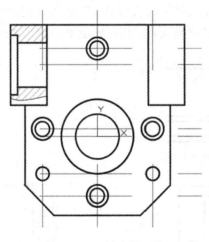

图 11-30　填充剖面线

11.3.6　绘制叉架主视图外形轮廓

设置"粗实线"层为当前图层。单击【图层】工具栏中的【图层控制】，在下拉列表中选择"粗实线"选项，即将"粗实线"层设置为当前图层，如图 11-13 所示。

绘制水平直线，与坐标原点垂直距离 105。单击【绘图】工具栏中的【直线】按钮，或者在命令输入栏中输入"LINE"，起点坐标(0,105)，向右移动鼠标至合适位置，单击鼠标"左"键确认，按"Esc"键退出，如图 11-31 所示。

采用同样的方法绘制另外 5 条水平直线，如图 11-32 所示。

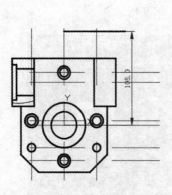

图 11 - 31 绘制水平直线

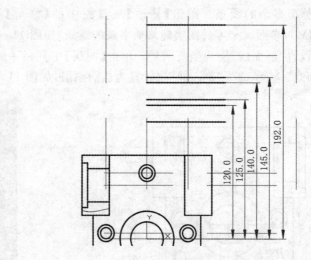

图 11 - 32 绘制其他水平直线

绘制垂直直线,与坐标原点水平距离 20。单击【绘图】工具栏中的【直线】按钮,或者在命令输入栏中输入"LINE",起点坐标(20,0),向上移动鼠标至合适位置,单击鼠标"左"键确认,按"Esc"键退出,如图 11 - 33 所示。

根据"长对正,高平齐,宽相等"的投影原理,绘制部分垂直直线。单击【绘图】工具栏中的【直线】按钮,或者在命令输入栏中输入"LINE",起点捕捉如图 11 - 34 所示,向下移动鼠标至合适位置,单击鼠标"左"键确认,按"Esc"键退出,如图 11 - 34 所示。

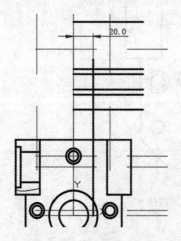

图 11 - 33 绘制垂直直线

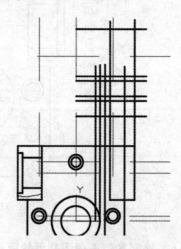

图 11 - 34 绘制其他垂直直线

修剪多余的线条。单击【修改】工具栏中的【修剪】按钮,或者在命令输入栏中输入"TRIM",参照叉架零件图实际修剪多余的线条,如图 11 - 35 所示。

镜像创建部分叉架主视图的左半部分。单击【修改】工具栏中的【镜像】按钮,或者在命令输入栏中输入"MIRROR",镜像对象拾取叉架俯视图右半部分轮廓线,镜像中心线拾取通过坐标原点垂直中心线上任意两点创建,如图 11 - 36 所示。

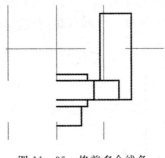

图 11 - 35　修剪多余线条

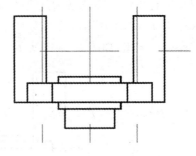

图 11 - 36　镜像

　　设置"细实线"层为当前图层。单击【图层】工具栏中的【图层控制】，在下拉列表中选择"细实线"选项，即将"细实线"层设置为当前图层，如图 11 - 23 所示。

　　绘制局部剖视图的剖切线。单击【绘图】工具栏中的【样条曲线拟合】按钮，或者在命令输入栏中输入"SPLINE"，参照叉架零件图实际选择合适的位置绘制剖切线，如图 11 - 37 所示。

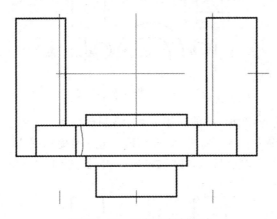

图 11 - 37　绘制局部剖切线

　　修剪多余的线条。单击【修改】工具栏中的【修剪】按钮，或者在命令输入栏中输入"TRIM"，参照叉架零件图实际修剪多余的线条，如图 11 - 38 所示。

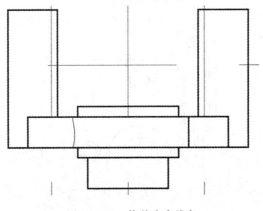

图 11 - 38　修剪多余线条

绘制水平直线,与坐标原点垂直距离135。单击【绘图】工具栏中的【直线】按钮,或者在命令输入栏中输入"LINE",起点坐标(0,135),向左移动鼠标至合适位置,单击鼠标"左"键确认,按"Esc"键退出,如图11-39所示。

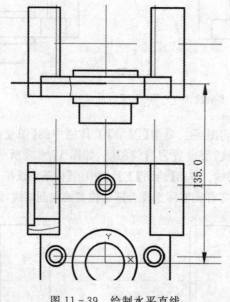

图 11-39 绘制水平直线

根据"长对正,高平齐,宽相等"的投影原理,绘制部分垂直直线。单击【绘图】工具栏中的【直线】按钮,或者在命令输入栏中输入"LINE",起点捕捉如图11-40所示,向下移动鼠标至合适位置,单击鼠标"左"键确认,按"Esc"键退出,如图11-40所示。

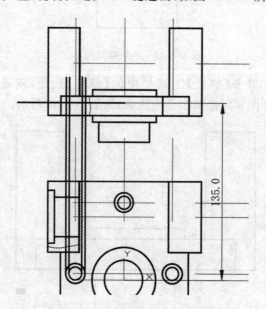

图 11-40 绘制部分垂直直线

修剪多余的线条。单击【修改】工具栏中的【修剪】按钮,或者在命令输入栏中输入

"TRIM",参照叉架零件图实际修剪多余的线条,如图 11 - 41 所示。

设置"剖面线"层为当前图层。单击【图层】工具栏中的【图层控制】,在下拉列表中选择"剖面线"选项,即将"剖面线"层设置为当前图层,如图 11 - 29 所示。

绘制剖面线。单击【绘图】工具栏中的【图案填充】按钮,或者在命令输入栏中输入"HATCH",填充图案类型选择"ANSI31",其他选项采用默认设置,参照叉架零件图实际选择剖面线创建区域,按"Enter"键确认,按"Esc"键退出,如图 11 - 42 所示。

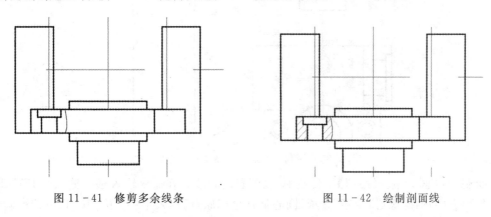

图 11 - 41　修剪多余线条　　　　　　　　图 11 - 42　绘制剖面线

11.3.7　绘制叉架左视图外形轮廓

设置"粗实线"层为当前图层。单击【图层】工具栏中的【图层控制】,在下拉列表中选择"粗实线"选项,即将"粗实线"层设置为当前图层,如图 11 - 13 所示。

绘制垂直直线,与坐标原点水平距离 110。单击【绘图】工具栏中的【直线】按钮,或者在命令输入栏中输入"LINE",起点坐标(110,0),向上移动鼠标至合适位置,单击鼠标"左"键确认,按"Esc"键退出,如图 11 - 43 所示。

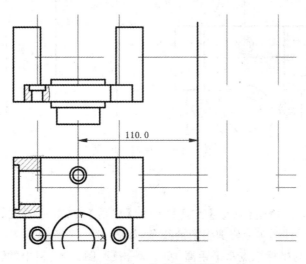

图 11 - 43　绘制垂直直线

采用同样的方法绘制另外 1 条垂直直线,如图 11 - 44 所示。

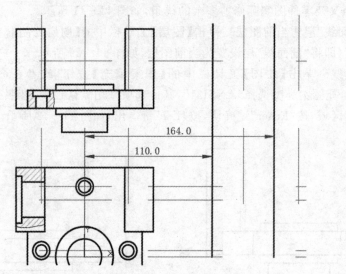

图 11-44　绘制另一条垂直直线

绘制 Φ40 圆。单击【绘图】工具栏中的【圆】按钮,或者在命令输入栏中输入"CIRCLE",在下拉列表中选择"圆心,半径"选项,圆心捕捉坐标原点,输入半径"20",按"Enter"键确认,按"Esc"键退出,如图 11-45 所示。

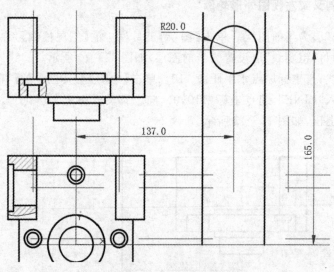

图 11-45　绘制 Φ40 圆

采用同样的方法绘制 1 个 Φ30、1 个 Φ54 同心圆,如图 11-46 所示。也可采用"偏移"创建。

修剪多余的线条。单击【修改】工具栏中的【修剪】按钮,或者在命令输入栏中输入"TRIM",参照叉架零件图实际修剪多余的线条,如图 11-47 所示。

绘制垂直直线,与坐标原点水平距离 160。单击【绘图】工具栏中的【直线】按钮,或者在命令输入栏中输入"LINE",起点坐标(160,0),向上移动鼠标至合适位置,单击鼠标"左"键确认,按"Esc"键退出,如图 11-48 所示。

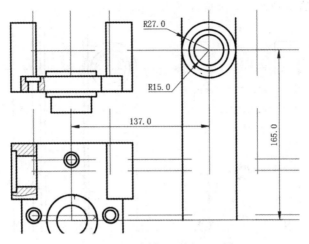

图 11 - 46　绘制 Φ30 圆、Φ54 圆

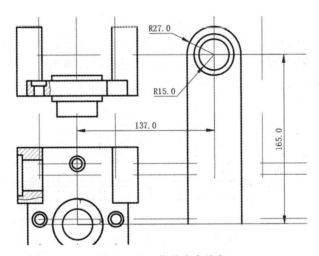

图 11 - 47　修剪多余线条

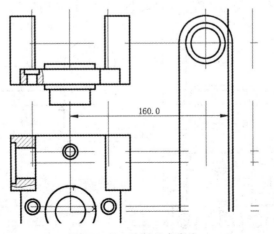

图 11 - 48　绘制垂直直线

采用同样的方法绘制另外 5 条垂直直线,如图 11-49 所示。

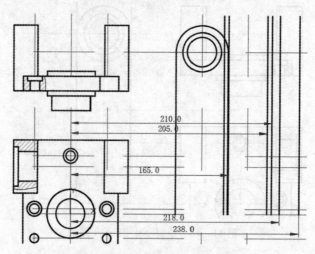

图 11-49 绘制另外 5 条垂直直线

根据"长对正,高平齐,宽相等"的投影原理,绘制部分水平直线。单击【绘图】工具栏中的【直线】按钮,或者在命令输入栏中输入"LINE",起点捕捉如图 11-50 所示,向右移动鼠标至合适位置,单击鼠标"左"键确认,按"Esc"键退出,如图 11-50 所示。

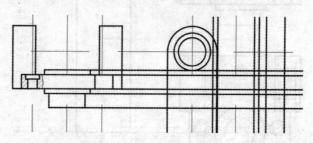

图 11-50 绘制部分水平直线

修剪多余的线条。单击【修改】工具栏中的【修剪】按钮,或者在命令输入栏中输入"TRIM",参照叉架零件图实际修剪多余的线条,如图 11-51 所示。

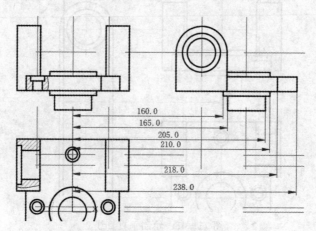

图 11-51 修剪多余线条

设置"细实线"层为当前图层。单击【图层】工具栏中的【图层控制】,在下拉列表中选择"细实线"选项,即将"细实线"层设置为当前图层。

绘制局部剖视图的剖切线。单击【绘图】工具栏中的【样条曲线拟合】按钮,或者在命令输入栏中输入"SPLINE",参照叉架零件图实际选择合适的位置绘制剖切线,如图 11－52 所示。

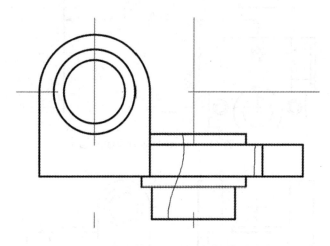

图 11－52　绘制局部剖视图的剖切线

修剪多余的线条。单击【修改】工具栏中的【修剪】按钮,或者在命令输入栏中输入"TRIM",参照叉架零件图实际修剪多余的线条,如图 11－53 所示。

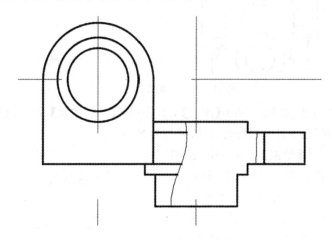

图 11－53　修剪多余线条

绘制垂直直线,与坐标原点水平距离 200。单击【绘图】工具栏中的【直线】按钮,或者在命令输入栏中输入"LINE",起点坐标(200,0),向上移动鼠标至合适位置,单击鼠标"左"键确认,按"Esc"键退出,如图 11－54 所示。

修剪多余的线条。单击【修改】工具栏中的【修剪】按钮,或者在命令输入栏中输入"TRIM",参照叉架零件图实际修剪多余的线条,如图 11－55 所示。

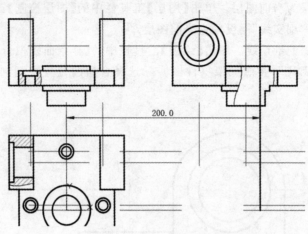

图 11-54　绘制垂直直线

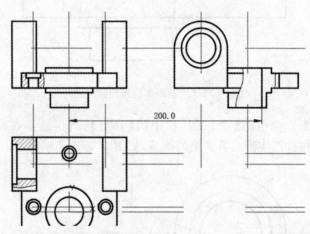

图 11-55　修剪多余线条

　　设置"剖面线"层为当前图层。单击【图层】工具栏中的【图层控制】,在下拉列表中选择"剖面线"选项,即将"剖面线"层设置为当前图层,如图 11-29 所示。

　　绘制剖面线。单击【绘图】工具栏中的【图案填充】按钮,或者在命令输入栏中输入"HATCH",填充图案类型选择"ANSI31",其他选项采用默认设置,参照叉架零件图实际选择剖面线创建区域,按"Enter"键确认,按"Esc"键退出,如图 11-56 所示。

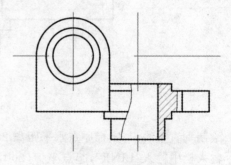

图 11-56　绘制剖面线

　　修剪多余的中心线。单击【修改】工具栏中的【打断】按钮,或者在命令输入栏中输入"BREAK",根据叉架零件图轮廓实际情况选择合适位置打断中心线。单击【修改】工具栏中的【删除】按钮,或者在命令输入栏中输入"ERASE",根据叉架零件图实际情况选择删除多余的中心线,按"Enter"键确认,按"Esc"键退出,如图 11－57 所示。

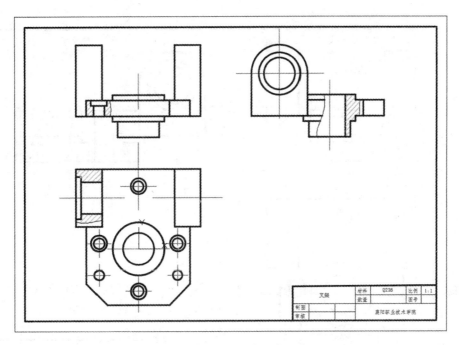

图 11－57　修剪多余的中心线

11.3.8　标注零件尺寸

设置"尺寸线"层为当前图。单击【图层】工具栏中的【图层控制】,在下拉列表中选择"尺寸线"选项,即将"尺寸线"层设置为当前图层,如图 11－58 所示。

设置尺寸标注样式。请参照"项目一"和"机械制图"国标规定进行尺寸标注样式设置,这里就不再赘述。

标注线性尺寸 100.0。单击【注释】工具栏中的【线性】按钮,或者在命令输入栏中输入"DIMLINEAR",参照叉架零件图实际选择对应的两条轮廓线完成线性尺寸 100.0 标注,如图 11－59 所示。

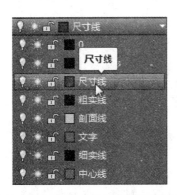

图 11－58　将"尺寸线"设置为当前图层

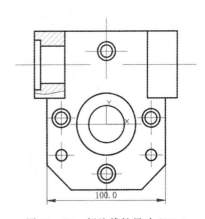

图 11－59　标注线性尺寸 100.0

采用同样的方法标注其他线性尺寸,如图 11-60 所示。

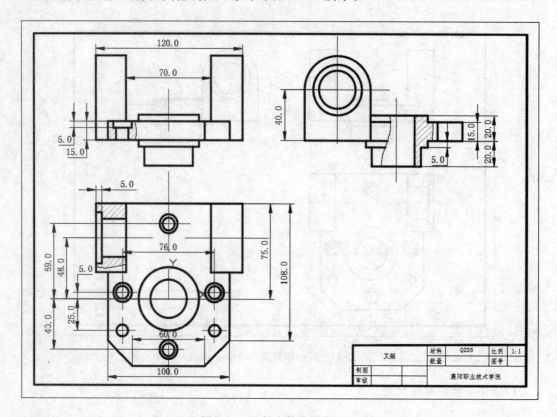

图 11-60 标注其他线性尺寸

标注半径尺寸 R27.0。单击【注释】工具栏中的【半径】按钮,或者在命令输入栏中输入 "DIMRDAIUS"",参照叉架零件图实际选择对应的轮廓线完成半径尺寸 R27.0 标注,如图 11-61 所示。

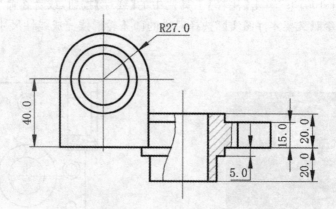

图 11-61 标注半径尺寸 R27

采用同样的方法标注其他半径尺寸,如图 11-62 所示。

标注直径尺寸 4-Φ15.0。单击【注释】工具栏中的【直径】按钮,或者在命令输入栏中输

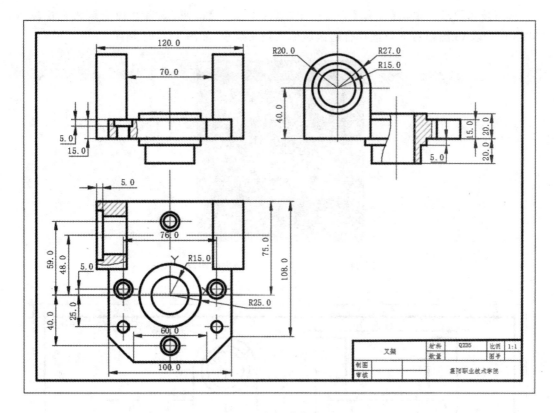

图 11-62　标注其他半径尺寸

入"DIMDIAMETER",参照叉架零件图实际选择对应的轮廓线完成直径尺寸 Φ15.0 标注,然后双击直径尺寸 Φ15.0 进入编辑模式,在"Φ15.0"前面添加"4—",按"Esc"键退出,完成直径尺寸 4—Φ15.0 标注,如图 11-63 所示。

采用同样的方法标注其他直径尺寸,如图 11-64 所示。

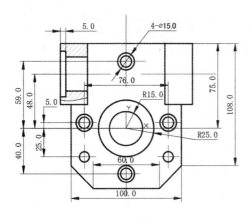

图 11-63　标注直径尺寸 4—Φ15.0

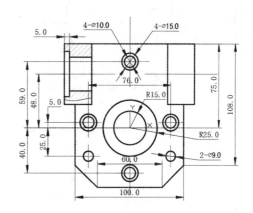

图 11-64　标注其他直径尺寸

设置"文字"层为当前图。单击【注释】工具栏中的【图层控制】,在下拉列表中选择"文字"选项,即将"文字"层设置为当前图层,如图 11-65 所示。

撰写技术要求。单击【注释】工具栏中的【多行文字】按钮,或者在命令输入栏中输入"TEXT",在 A3 图幅右下角选择合适区域输入技术要求,如图 11－66 所示。

图 11－65　将"文字"设置为当前图层

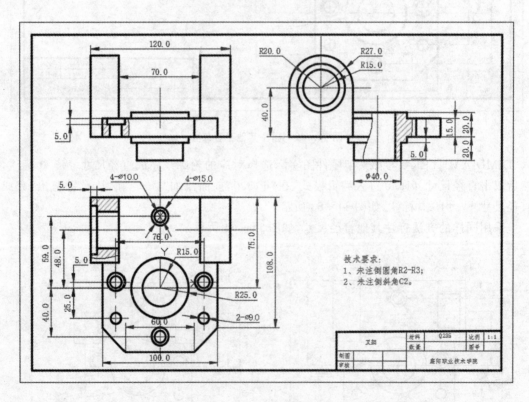

图 11－66　撰写技术要求

11.3.9　保存

至此完成叉架零件图的绘制,单击标题栏中【保存】按钮,保存所有数据。

11.4　拓展训练

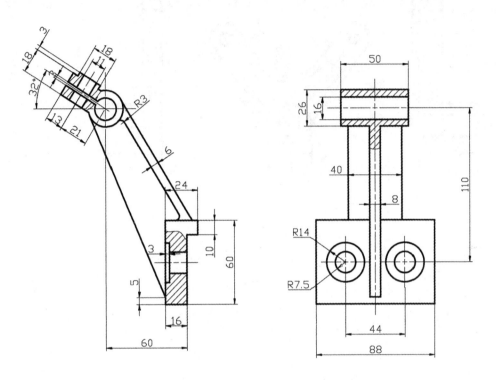

图 11 - 67　拓展训练 1

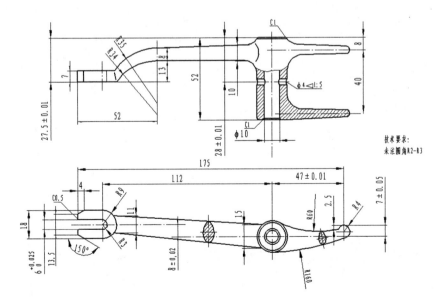

图 11 - 68　拓展训练 2

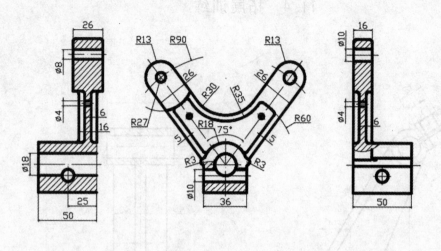

图 11-69 拓展训练 3

技术要求

1. 未注圆角R2.5

项目六　箱体类零件图绘制

任务 12　轴承座零件图绘制

12.1　任务要求

要求运用 AutoCAD2016 绘制轴承座零件图,按照标注尺寸 1:1 绘制,并标注尺寸,如图 12-1 所示。

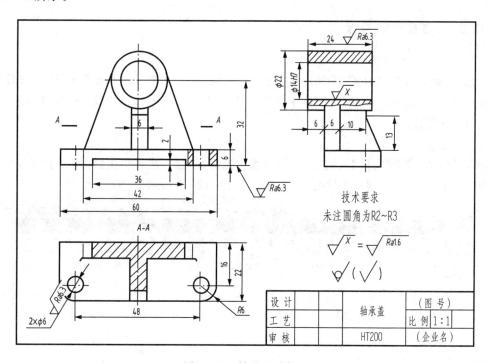

图 12-1　轴承座零件图

12.2　知识目标和能力目标

12.2.1　知识目标

(1)熟练掌握图层的设置方法及操作步骤;

（2）熟练掌握直线、圆、图样填充、阵列等绘图工具的运用；

（3）熟练掌握打断、修剪、倒圆角、偏移、倒斜角等修改工具的运用；

（4）熟练掌握尺寸标注样式的设置方法及各类型尺寸标注；

（5）熟练掌握端点、中点、圆心等对象捕捉命令的运用；

（6）熟练掌握箱体类零件图的绘制方法和思路。

12.2.2 能力目标

（1）能够灵活运用 AutoCAD 常用命令，完成较简单箱体类零件图的视图绘制；

（2）能熟练创建尺寸标注样式，正确标注尺寸；

（3）能熟练标注技术要求。

12.3 实施过程

12.3.1 新建文件，存盘

（1）启动 AutoCAD2016

双击电脑桌面上 AutoCAD2016 的快捷方式图标，或者执行"开始"→"所有程序"→"Autodesk"→"Autodesk2016－简体中文"→"Autodesk2016－简体中文"命令，启动 Auto-CAD2016 中文版。

（2）新建文件

单击【标题栏】中【文件】按钮，在下拉列表中选择"新建"，或者单击【标题栏】中【新建】按钮，新建一个文件，将其保存为"轴承座.dwg"，如图 12-2 所示。

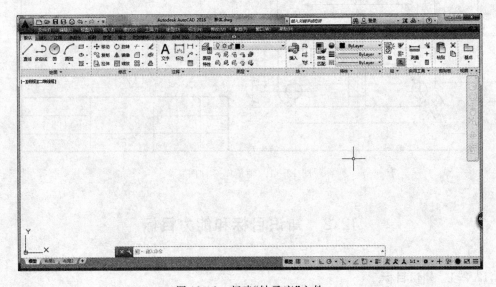

图 12-2 新建"轴承座"文件

12.3.2　设定图层

单击【图层】工具栏中的【图层特性】按钮，或单击【格式】—图层，或在命令输入栏中输入"LAYER"，弹出【图层特性管理器】对话框，如图 12-3 所示；根据绘图需要在【图层特性管理器】中添加图层，设置名称、颜色、线性、线宽等图层参数，如图 12-4 所示。

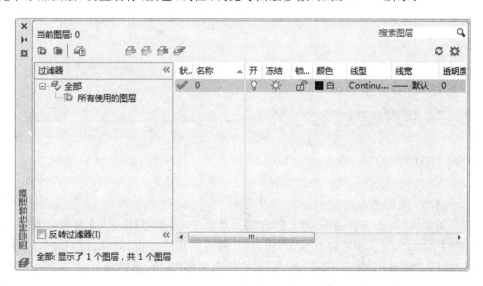

图 12-3　"图层特性管理器"对话框

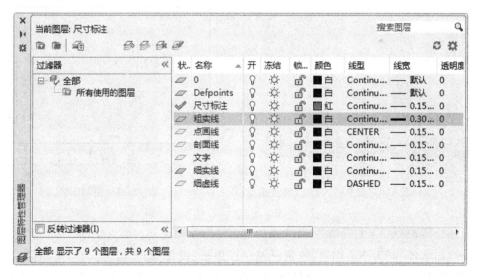

图 12-4　图层设置

12.3.3　绘制图框、标题栏

（1）绘制 A4 图幅的外边框

设置"细实线"层为当前图层，单击【绘图】工具栏中的【矩形】按钮，或者在命令输入栏中输入"RECTANG",输入矩形起点坐标"0,0",输入矩形终点坐标"@297,210",按"Enter"键确认,按"Esc"键退出,如图 12-5 所示,完成后图形如图 12-6 所示。

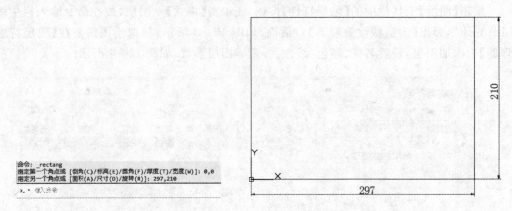

图 12-5 "RECTANG"命令输入起点、终点坐标   图 12-6 绘制 A4 图幅

(2)绘制 A3 图幅的内边框

设置"粗实线"层为当前图层,单击【绘图】工具栏中的【矩形】按钮,或者在命令输入栏中输入"RECTANG",输入矩形起点坐标"10,10",输入矩形终点坐标"@277,190",按"Enter"键确认,按"Esc"键退出,如图 12-7 所示,完成后图形如图 12-8 所示。

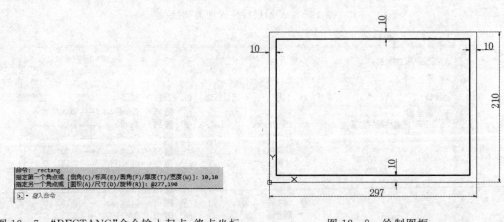

图 12-7 "RECTANG"命令输入起点、终点坐标   图 12-8 绘制图框

(3)绘制标题栏

设置"粗实线"层为当前图层,绘制标题栏外边框;设置"细实线"层为当前图层,绘制标题栏内边框,标题栏尺寸请参照"学校制图作业使用标题栏"的规定;设置"文字"层为当前图层,填写标题栏,如图 12-9 所示。

12.3.4 绘制作图基准

设置"点画线"层为当前图层,开启正交模式,利用【直线】命令,在图框内适当位置作出绘图基准。由于基准线长度可随时灵活调整,此处不规定所绘制线条的尺寸,满足投影关系即可,如图 12-10 所示。

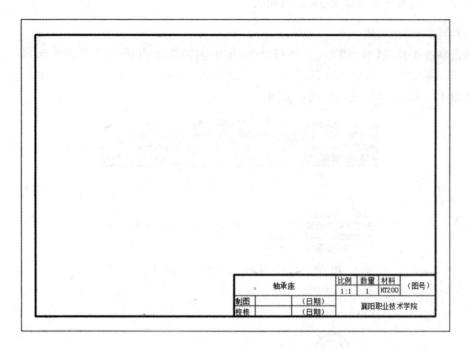

图 12-9 绘制标题栏

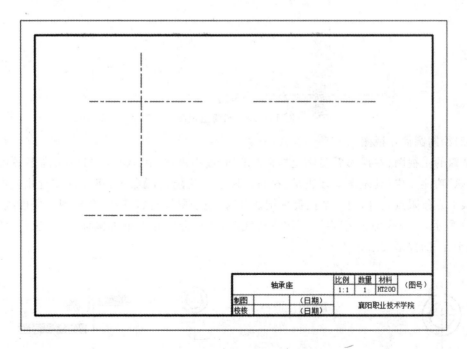

图 12-10 绘制作图基准

12.3.5　绘制圆筒投影主视图、俯视图

（1）绘制圆筒主视图

单击修改工具栏【圆（圆心，半径）】命令，单击主视图中点画线的交点作为圆心，输入"D"，回车，输入"22"，绘制 $\Phi22$ 的圆，命令行如图 12 - 11 所示；同样方法，绘制 $\Phi14$ 的圆，命令行如图 12 - 12 所示。完成后图形如图 12 - 13 所示。

```
命令: _circle
指定圆的圆心或 [三点(3P)/两点(2P)/切点、切点、半径(T)]:
指定圆的半径或 [直径(D)]: D
指定圆的直径: 22
```

图 12 - 11　[圆（圆心，半径）]命令行输入

```
命令: _circle
指定圆的圆心或 [三点(3P)/两点(2P)/切点、切点、半径(T)]:
指定圆的半径或 [直径(D)] <11.0000>: d
指定圆的直径 <22.0000>: 14
```

图 12 - 12　[圆（圆心，半径）]命令行输入

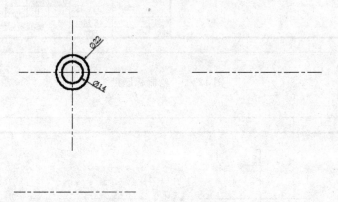

图 12 - 13　圆筒主视图

（2）绘制圆筒左视图

圆筒的主视图、左视图需要满足"高平齐"的投影规律，在 AutoCAD 中，高平齐可以借助"追踪"功能完成，具体操作方法是：执行绘图工具栏【直线】命令，将光标靠近主视图 $\Phi22$ 圆的最上方象限点，会出现一个捕捉标记。此时，拖动鼠标向右移动，会出现一段虚线，如图 12 - 14 所示，该虚线即为追踪线，当出现此线时，选择合适的点单击鼠标左键，这是，即可保证"高平齐"的投影关系。

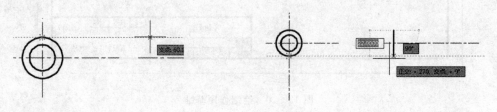

图 12 - 14　高平齐　　　　　　　　　　　图 12 - 15　绘制圆筒后端面投影

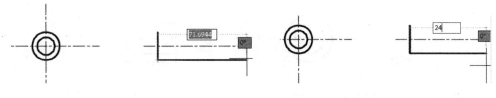

图 12-16　向右移动光标　　　　　图 12-17　绘制圆筒下极限素线投影

① 单击绘图工具栏【直线】命令,利用"追踪"追踪功能,在左视图确定合适的点,单击鼠标左键,如图 12-14 所示;

② 开启"正交限制光标",向下移动光标,并输入"22",回车,绘制圆筒后端面的投影,如图 12-15 所示;

③ 向右移动光标,如图 12-16 所示,此时,输入"24",回车,绘制圆筒最下极限素线的投影,如图 12-17 所示;

④ 利用【直线】命令,完成圆筒外轮廓投影,如图 12-18 所示;

⑤ 执行【直线】命令,绘制圆筒内孔轮廓投影,如图 12-19 所示。

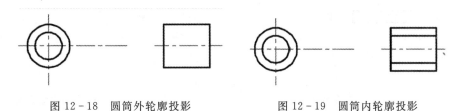

图 12-18　圆筒外轮廓投影　　　　　图 12-19　圆筒内轮廓投影

12.3.6　绘制底板主视图、俯视图

(1)确定主视图中底板底面位置:执行修改工具栏【偏移】命令,如图 12-20 所示,输入"32",回车,单击鼠标左键选择主视图高度方向尺寸基准,即过圆心处水平方向点画线,在该线下方单击左键,得到底面位置;类似地,执行修改工具栏【偏移】命令,将底面向上偏移6,得到底板厚度,如图 12-21 所示。

(2)确定主视图中底板右侧位置:执行修改工具栏【偏移】命令,输入"30",回车,单击鼠标左键选择过圆心处竖直方向点画线,在该线右侧单击鼠标左键,确定底板右侧位置,如图 12-21 所示。

```
命令: _offset
当前设置: 删除源=否　图层=源　OFFSETGAPTYPE=0
指定偏移距离或 [通过(T)/删除(E)/图层(L)] <32.0000>: 32
选择要偏移的对象, 或 [退出(E)/放弃(U)] <退出>:
指定要偏移的那一侧上的点, 或 [退出(E)/多个(M)/放弃(U)] <退出>:
```

图 12-20　[偏移]命令确定底面位置

(3)绘制底板主视图

① 执行绘图工具栏【直线】命令,如图 12-22 所示,连线;

② 执行修改工具栏【偏移】命令,做辅助线,如图 12-23 所示;

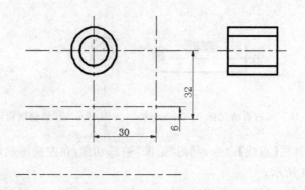

图 12-21　偏移，生成底板厚度

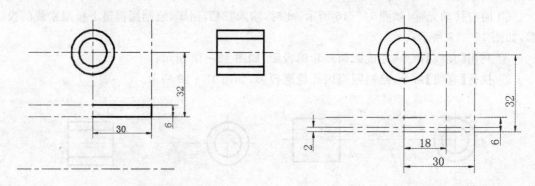

图 12-22　绘制底板轮廓　　　　　　　图 12-23　偏移，确定凹槽深度 2

③ 执行绘图工具栏【直线】命令，如图 12-24 所示，连线；

④ 选中辅助线，按键盘"Delete"键，删除辅助线，如图 12-25 所示。

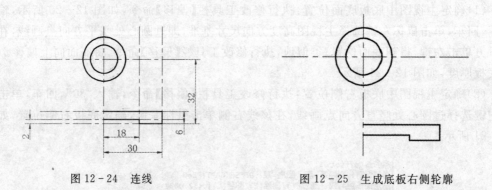

图 12-24　连线　　　　　　　　　　图 12-25　生成底板右侧轮廓

⑤ 执行绘图工具栏【镜像】命令，选择步骤④中得到的底板投影，回车，在主视图竖直方向点画线上两个点单击鼠标左键，确定镜像线，回车，如图 12-26 所示，得到底板的另一半投影，如图 12-27 所示。

⑥ 绘制安装孔轴线：执行绘图工具栏【偏移】命令，将竖直点画线向左、向右偏移 24，确定安装孔的轴线位置，如图 12-28 所示。

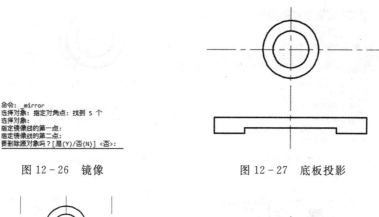

命令：_mirror
选择对象：指定对角点：找到 5 个
选择对象：
指定镜像线的第一点：
指定镜像线的第二点：
要删除源对象吗？[是(Y)/否(N)] <否>：

图 12-26　镜像　　　　　　　　图 12-27　底板投影

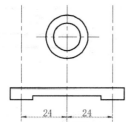

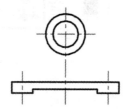

图 12-28　确定安装孔轴线　　　　图 12-29　调整安装孔轴线长度

⑦ 调整安装孔轴线长度：将步骤⑥中通过偏移得到的两条点画线缩短至适宜长度，如图 12-29 所示。

⑧ 绘制底板安装孔轮廓线：执行修改工具栏【偏移】命令，将步骤⑦中调整好的轴线向左、向右各偏移 3，如图 12-30 所示；将"粗实线"层置为当前，执行绘图工具栏【直线】命令，绘制底板右侧安装孔轮廓，完成后如图 12-31 所示。

⑨ 完成底板右侧安装孔局部剖：执行绘图工具栏【样条曲线拟合】命令，如图 12-32 所示，在适宜的位置单击鼠标左键确定样条曲线上的拟合点，回车结束，完成局部剖的断裂边界，如图 12-33 所示；执行修改工具栏【图案填充】命令，如图 12-34 所示，选择"ANS31"图案，将填充比例更改为"0.5"，然后在需要填充剖面线的区域内部单击鼠标左键，回车，完成图案填充，如图 12-35 所示。

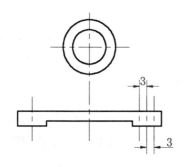

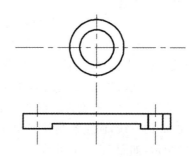

图 12-30　确定安装孔轮廓　　　　图 12-31　绘制安装孔轮廓

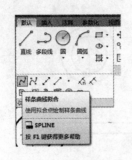

图 12-32 样条曲线拟合

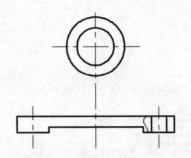

图 12-33 绘制局部剖边界

图 12-34 填充图案

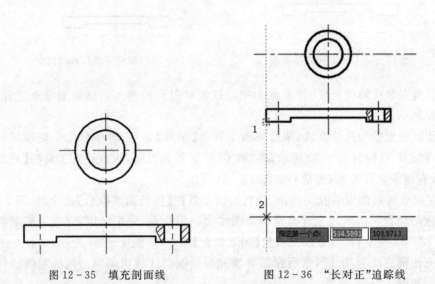

图 12-35 填充剖面线　　　　图 12-36 "长对正"追踪线

(3)绘制底板俯视图

① 将"粗实线"层置为当前层,执行绘图工具栏【直线】命令,如图 12-36 所示,将光标移动到 1 点后向下拖动,此时会出现一条虚线,该虚线为追踪线,可保证主视图、俯视图的"长对正"投影关系;当光标移动到俯视图中预先绘制好的作图基准(见步骤 12.3.4)时,会出现"交点"捕捉标记,此时单击鼠标左键,即确定了俯视图中底板左端面的位置。

② 以步骤①中确定的点为起点,向下绘制长度 22 的直线,向右绘制长度 60 的直线,向上绘制长度 22 的直线,向左绘制长度 60 的直线,与步骤①中确定的起点重合,得到一个长60、宽 22 的矩形,如图 12-37 所示。

③ 倒角 R6:单击修改工具栏【圆角】命令,输入"R",回车,输入"6",回车,输入"M",回车,用鼠标单击矩形需要倒角的边,如图 12-38 所示,倒角完成后如图 12-39 所示。

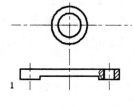

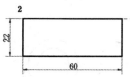

图 12-37　绘制工 60、宽 22 矩形

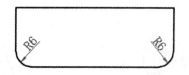

图 12-38　[圆角]命令行

图 12-39　倒圆角 R6

④ 绘制安装孔：将"点画线"层置为当前，使用【偏移】【修剪】等命令，绘制安装孔的定位线，如图 12-40 所示；使用【圆（圆心，半径）】命令，绘制 2 个 Φ6 的圆，如图 12-41 所示。

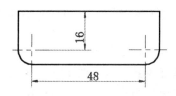

图 12-40　确定安装孔位置

图 12-41　绘制 2×Φ6 安装孔

12.3.7　绘制肋板投影主视图、俯视图

（1）绘制支撑板主视图

① 确定支撑板与底板交点：执行修改工具栏【偏移】命令，输入"21"，回车，鼠标单击主视图长度方向作图基准（过圆筒圆心的竖直点画线），分别在其左侧、右侧单击鼠标左键，得到与其相距 21 的两条点画线，如图 12-42 所示；

② 设置对象捕捉模式：鼠标单击对象捕捉设置，勾选"切点"，如图 12-43 所示；

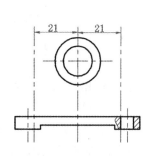

图 12-42　确定支撑板与底板交点

图 12-43　设置对象
捕捉模式

③ 绘制支撑板投影:将"粗实线"层置为当前层,执行绘图工具栏【直线】命令,如图 12 - 44 所示,单击点 1,并将光标靠向圆筒外圆轮廓的左上方,直至出现切点标记,即点 3,此时单击鼠标左键,即完成支撑板左侧投影;同样地,完成支撑板右侧投影,如图 12 - 45 所示;删去辅助点画线。

④ 确定剖切位置:将"粗实线"层置为当前层,在主视图支撑板两侧绘制两条长度约 3mm 的直线,如图 12 - 46 所示。

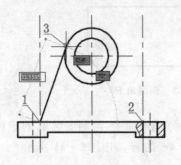 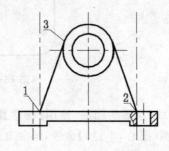 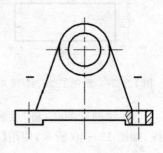

图 12 - 44　绘制支撑板左侧投影　　图 12 - 45　绘制支撑板右侧投影　　图 12 - 46　绘制剖切位置

(2)绘制支撑板俯视图

① 将"粗实线"层置为当前层,直线绘图工具栏【直线】命令,如图 12 - 47 所示,将光标靠近点 1,然后向下拖动,靠近俯视图中底板后端面的投影,当接近点 4 时,会出现"交点"的捕捉标记,此时单击鼠标左键,并竖直向下绘制长度 6mm 的直线,如图 12 - 48 所示;用同样的方法,或者使用【镜像】,绘制支撑板右侧的投影,完成后如图 12 - 49 所示。

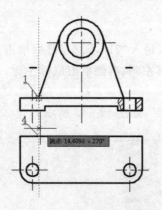 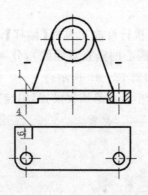 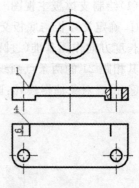

图 12 - 47　过点 1,追踪得到点 4　　图 12 - 48　过点 4,绘制 6mm 直线　　图 12 - 49　绘制右侧 6mm 直线

② 绘制支撑板前端面:将"粗实线"层置为当前层,使用绘图工具栏【直线】命令,连接步骤①中生成的两段线,如图 12 - 50 所示。

③ 绘制剖切部分投影:将"粗实线"层置为当前层,利用"追踪"功能,如图 12 - 51 所示,从点 5 的位置,长对正,绘制支撑板被剖到部分的投影,完成后如图 12 - 52 所示;将"点画线"层置为当前,绘制俯视图中的左右对称线;执行修改工具栏【镜像】命令,绘制支撑板另一侧投影,如图 12 - 53 所示。

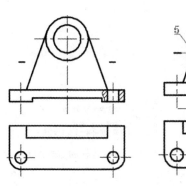

图 12-50　绘制支撑板投影 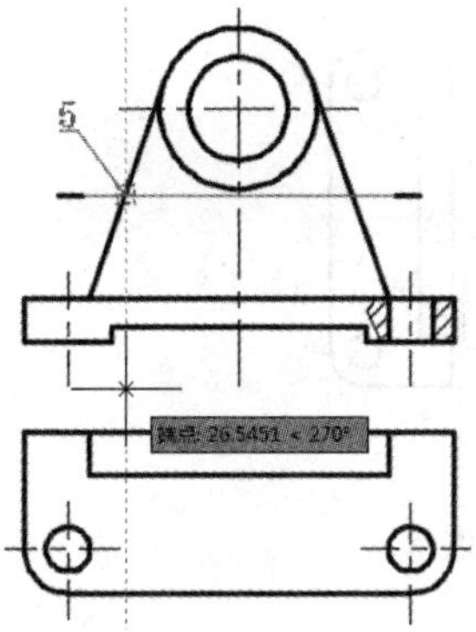　　图 12-51　过点 5,对象追踪

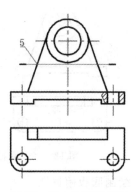

图 12-52　绘制支撑板
被剖到部分投影(1)

12.3.8　绘制底板左视图

此处,介绍一种 AutoCAD 常用一种绘制主视图的方法,即将俯视图复制、旋转后,借助"追踪"功能完成左视图绘制。

(1)复制俯视图

框选俯视图所有图线,单击鼠标右键,鼠标左键单击"复制选择",命令行提示"COPY 指定基点或【位移（D）模式（O）】",此时在俯视图中任意位置单击鼠标左键,并在右侧合适位置单击鼠标左键,如图 12-54 所示,将俯视图粘贴到合适位置,得到辅助视图

(2)旋转辅助视图

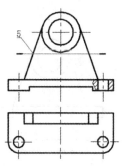

图 12-53　绘制支撑板
被剖到部分投影(2)

单击修改工具栏中【旋转】命令,如图 12-55、图 12-56 所示,框选步骤(1)中粘贴的视图,回车,用鼠标左键单击点 6,将点 6 指定为基点,输入"90",回车,将俯视图逆时针旋转 90°。

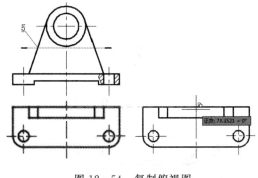

图 12-54　复制俯视图

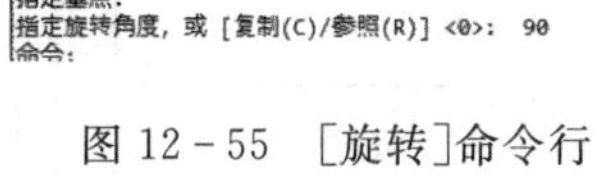

```
命令: _rotate
UCS 当前的正角方向: ANGDIR=逆时针 ANGBASE=0
选择对象: 指定对角点: 找到 19 个
选择对象:
指定基点:
指定旋转角度, 或 [复制(C)/参照(R)] <0>: 90
命令:
```

图 12-55　[旋转]命令行

(3)移动辅助视图

执行修改工具栏【移动】命令,如图 12-57、图 12-58 所示,选择步骤(2)中得到的视图,回车,指定点 6 位几点,将视图移动到合适位置,以便绘制左视图。

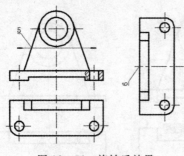

命令:
命令:_move
选择对象:指定对角点:找到 19 个
选择对象:
指定基点或 [位移(D)] <位移>:
指定第二个点或 <使用第一个点作为位移>:

图 12-56 旋转后效果   图 12-57 ［移动］命令行

（4）绘制底板俯视图

①绘制底板外轮廓：将"粗实线"层置为当前层，执行绘图工具栏【矩形】命令，如图 12-59 所示，借助"追踪"功能，捕捉点 7 的位置，单击鼠标左键作为矩形的左下角点，然后，捕捉点 8 的位置，单击鼠标左键作为矩形的右上角点，完成底板外轮廓，如图 12-60 所示。

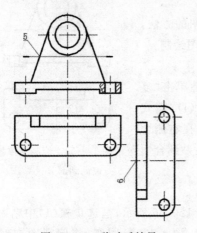

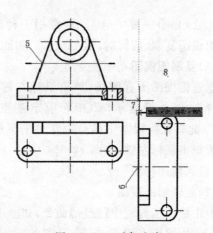

图 12-58 移动后效果   图 12-59 对象追踪

②绘制安装孔轴线：将"点画线"层置为当前层，借助"追踪"，绘制安装孔轴线，如图 12-61 所示。

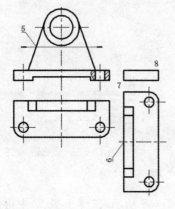

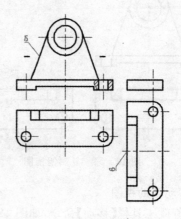

图 12-60 绘制底板轮廓   图 12-61 绘制安装孔轴线

(5)绘制圆筒左视图

①确定同筒后端面位置:执行修改工具栏【分解】命令,选择底板左视图外轮廓矩形,回车,将其分解成若干条独立直线;将"点画线"层置为当前层,利用【偏移】【直线】【删除】等命令,绘制距离底板后端面 6mm 的点画线,如图 12－62、图 12－63 所示。

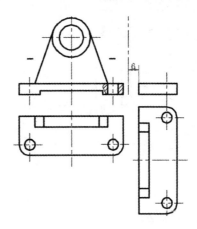

```
命令: _explode
选择对象: 找到 1 个
选择对象:
```

图 12－62　[分解]命令行　　　　　　图 12－63　确定圆筒后端面位置

②绘制圆筒外轮廓:将"粗实线"层置为当前层,执行绘图工具栏【直线】命令,借助"追踪"功能,绘制圆筒外轮廓,如图 12－64 所示。

③绘制圆筒内孔:将"粗实线"层置为当前层,执行绘图工具栏【直线】命令,借助"追踪"功能,绘制圆通内孔投影,如图 12－65 所示。

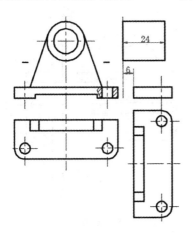

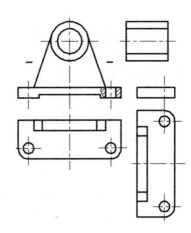

图 12－64　绘制圆筒外轮廓　　　　　　图 12－65　绘制圆筒内孔

④绘制局部剖断裂边界:将"细实线"层置为当前层,执行绘图工具栏【样条曲线拟合】命令如图 12－66 所示,绘制局部剖断裂边界。

⑤填充剖面线:执行【图案填充】命令,如图 12－67 所示,选择填充图案"ANSI31",修改填充比例为"0.5";鼠标左键在需要填充剖面线的区域内部单击,完成剖面线绘制,如图 12－68 所示。

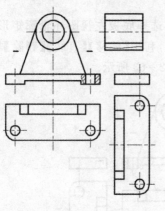

图 12-66 绘制局部剖边界

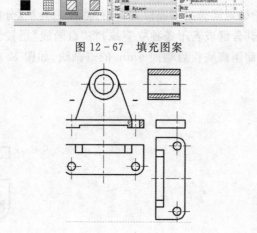

图 12-67 填充图案

图 12-68 填充

（6）绘制支撑板左视图

① 绘制支撑板轮廓：将"粗实线"层置为当前层，执行绘图工具栏【直线】命令，从底板后端面开始竖直向上绘制直线，直线终点应与主视图中支撑板与圆筒的切点高平齐，如图 12-69 所示；接着，执行修改工具栏【偏移】命令，将该线向前偏移 6mm；

② 修剪多余图线：由于左视图采用局部剖视表达圆筒，所以支撑板的轮廓线应画到局部剖的断裂边界。执行修改工具栏【修剪】命令，剪去多余图线，完成后如图 12-70 所示。

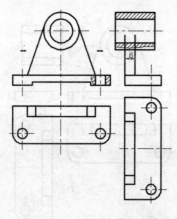

图 12-69 绘制支撑板轮廓

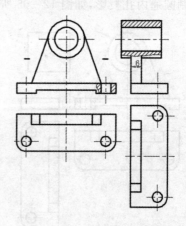

图 12-70 修剪多余图线

12.3.9 绘制肋板主视图、左视图、俯视图

（1）绘制肋板主视图

① 确定肋板轮廓位置：执行修改工具栏【偏移】命令，将主视图长度方向绘图基准（竖直点画线）分别向左、右偏移 3mm，如图 12-71 所示；

② 绘制肋板左、右端面轮廓：将"粗实线"层置为当前层，绘制肋板轮廓，完成后如图 12-

72 所示。

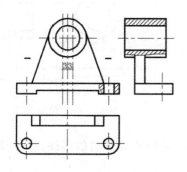
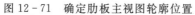
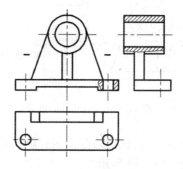

图 12-71　确定肋板主视图轮廓位置　　　　图 12-72　绘制肋板主视图

③ 绘制肋板转折处投影：将"粗实线"层置为当前层，绘制距离肋板底面 13mm 的直线，如图 12-73 所示。

至此，肋板主视图绘制完成。

(2)绘制肋板左视图

① 执行修改工具栏【偏移】命令，将支撑板前端面向前偏移 10mm，完成后如图 12-74 所示。

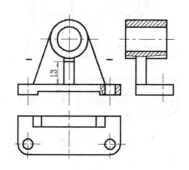
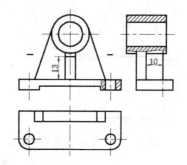

图 12-73　绘制肋板转折处投影　　　　图 12-74　偏移 10mm

② 绘制肋板与圆筒交线：肋板与支撑板相交，如图 12-75 所示，点 9 是交点的高度位置，左视图中交线应当与点 9"高平齐"。将"粗实线"层置为当前层，利用"追踪"功能，绘制左视图中肋板与圆筒的交线，完成后如图 12-76 所示。

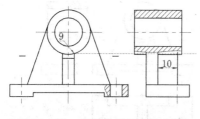
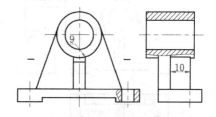

图 12-75　绘制肋板与圆筒交线　　　　图 12-76　完成后效果

③ 绘制肋板斜面投影：如图 12-77、图 12-78 所示，将"粗实线"层置为当前层，利用"追踪"功能，从点 10 的位置绘制肋板斜面的投影。

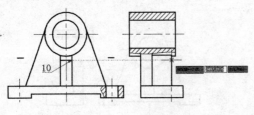

图 12-77 过点 10,追踪

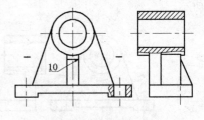

图 12-78 绘制斜线

④ 修剪图线:执行修改工具栏【修剪】命令,回车,选择需要修剪的图线,剪掉多余图线,完成后如图 12-79 所示。

至此,肋板左视图绘制完成。

(3)绘制肋板俯视图

① 绘制肋板左、右端面轮廓投影:将"粗实线"层置为当前层,如图 12-80 所示,利用"追踪"功能,确定肋板左端面的起始位置;如图 12-81、图 12-82 所示,与主视图"长对正",绘制肋板左、右端面投影,并用【修剪】命令,剪去多余图线。

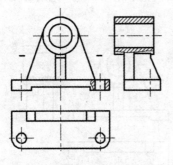

图 12-79 完成后效果

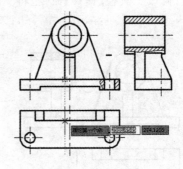

图 12-80 追踪

② 绘制肋板斜面投影:如图 12-83 所示,利用修改工具栏【偏移】命令,偏移 10mm,绘制肋板斜面投影。

(4)填充剖面线:执行绘图工具栏【图案填充】命令,选择图案"ANSI31",设置图案填充比例为"0.5",填充支撑板、肋板断面,完成后如图 12-84 所示。

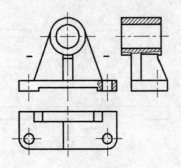

图 12-81 绘制肋板左端面投影

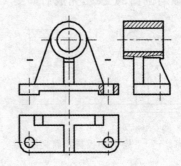

图 12-82 绘制肋板右端面投影

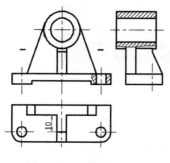

图 12-83　偏移 10mm

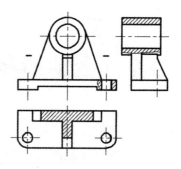

图 12-84　填充剖面线

12.3.10　添加剖视图标注

（1）创建文字样式

执行"格式"——"文字样式"，打开文字样式对话框，如图 12-85 所示；单击"新建"按钮，弹出"新建文字样式"对话框，如图 12-86 所示，修改样式名为"汉字 3.5"，单击确定；设置高度为 3.5，宽度因子为 0.7，如图 12-87 所示，单击"置为当前"按钮，将"汉字 3.5"样式置为当前，单击应用按钮，单击关闭按钮，关闭对话框。

图 12-85　"文字样式"对话框

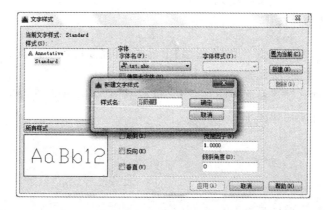

图 12-86　"新建文字样式"对话框

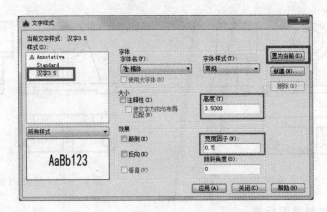

图 12-87 "汉字 3.5"文字样式设置

(2)添加多行文字

如图 12-88 所示,执行主使工具栏"多行文字"命令,用鼠标左键在主视图左侧剖切位置附近绘制文本框,用键盘输入"A",在屏幕空白位置单击左键结束;同样地,在右侧添加"A";在俯视图上方添加"A-A",完成后如图 12-89 所示。

图 12-88 "多行文字"命令

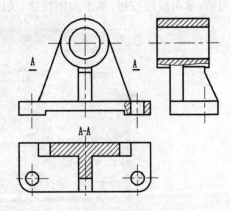

图 12-89 添加多行文字

12.3.11 标注零件尺寸

设置"尺寸线"层为当前图。单击【图层】工具栏中的【图层控制】,在下拉列表中选择"尺寸线"选项,即将"尺寸线"层设置为当前图层.

设置尺寸标注样式。请参照"项目一"和"机械制图"国标规定进行尺寸标注样式设置,这里就不在赘述。完成后如图 12-1 所示。

任务 13　泵体零件图绘制

13.1　任务要求

要求运用 AutoCAD2016 绘制泵体零件图,按照标注尺寸 1∶1 绘制,并标注尺寸,如图 13-1 所示。

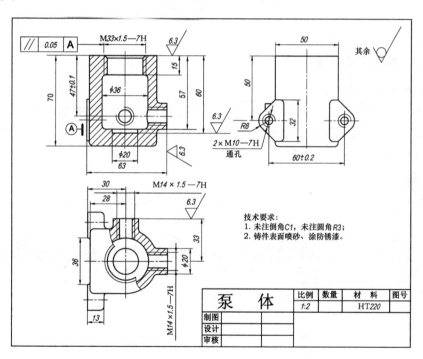

图 13-1　泵体零件图

13.2　知识目标和能力目标

13.2.1　知识目标

(1)熟练掌握图层的设置方法及操作步骤;

（2）熟练掌握直线、圆、图样填充、阵列等绘图工具的运用；

（3）熟练掌握打断、修剪、倒圆角、偏移、倒斜角等修改工具的运用；

（4）熟练掌握尺寸标注样式的设置方法及各类型尺寸标注；

（5）熟练掌握端点、中点、圆心等对象捕捉命令的运用；

（6）熟练掌握箱体类零件图的绘制方法和思路。

13.2.2 能力目标

（1）能够灵活运用 AutoCAD 常用命令，按照要求完成较复杂箱体类零件图的视图绘制；

（2）能熟练创建尺寸标注样式，正确标注尺寸；

（3）能熟练标注技术要求。

13.3 实施过程

13.3.1 新建文件，存盘

（1）启动 AutoCAD2016

双击电脑桌面上 AutoCAD2016 的快捷方式图标，或者执行"开始"→"所有程序"→"Autodesk"→"Autodesk2016－简体中文"→"Autodesk2016－简体中文"命令，启动 Auto-CAD2016 中文版。

（2）新建文件

单击【标题栏】中【文件】按钮，在下拉列表中选择"新建"，或者单击【标题栏】中【新建】按钮，新建一个文件，将其保存为"泵体．dwg"，如图 13－2 所示。

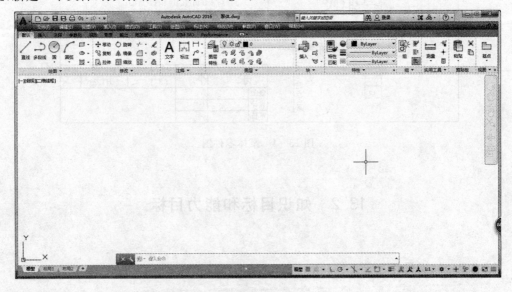

图 13－2 新建"泵体"文件

13.3.2 设定图层

单击【图层】工具栏中的【图层特性】按钮,或单击【格式】—图层,或在命令输入栏中输入"LAYER",弹出【图层特性管理器】对话框,如图 13-3 所示;根据绘图需要在【图层特性管理器】中添加图层,设置名称、颜色、线性、线宽等图层参数,如图 13-4 所示。

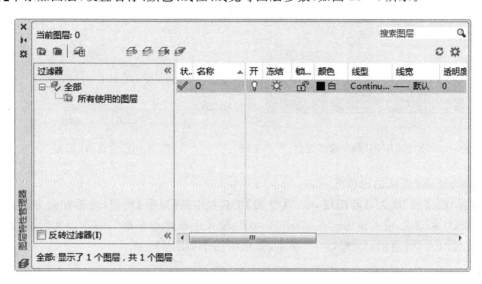

图 13-3 "图层特性管理器"对话框

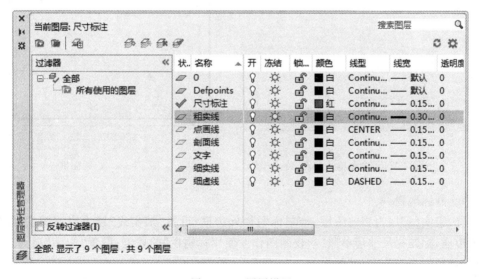

图 13-4 图层设置

13.3.3 绘制图框、标题栏

(1)绘制 A4 图幅的外边框

设置"细实线"层为当前图层,单击【绘图】工具栏中的【矩形】按钮,或者在命令输入栏中输入"RECTANG",输入矩形起点坐标"0,0",输入矩形终点坐标"@297,210,按"Enter"键确认,按"Esc"键退出,如图 13-5 所示,完成后图形如图 13-6 所示。

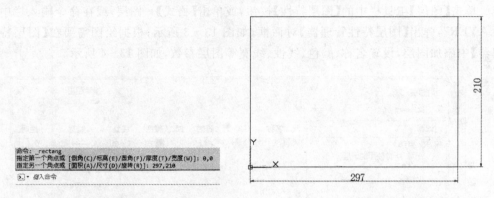

图 13-5　"RECTANG"命令输入起点、终点坐标　　　　图 13-6　绘制 A4 图幅

（2）绘制 A3 图幅的内边框

设置"粗实线"层为当前图层,单击【绘图】工具栏中的【矩形】按钮,或者在命令输入栏中输入"RECTANG",输入矩形起点坐标"10,10",输入矩形终点坐标"@277,190",按"Enter"键确认,按"Esc"键退出,如图 13-7 所示,完成后图形如图 13-8 所示。

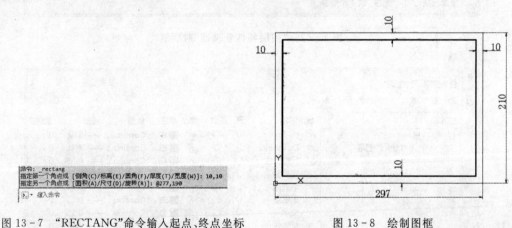

图 13-7　"RECTANG"命令输入起点、终点坐标　　　　图 13-8　绘制图框

（3）绘制标题栏

设置"粗实线"层为当前图层,绘制标题栏外边框;设置"细实线"层为当前图层,绘制标题栏内边框,标题栏尺寸请参照"学校制图作业使用标题栏"的规定;设置"文字"层为当前图层,填写标题栏,如图 13-9 所示。

13.3.4　绘制作图基准

设置"点画线"层为当前图层,开启正交模式,利用【直线】命令,在图框内适当位置作出绘图基准。由于基准线长度可随时灵活调整,此处不规定所绘制线条的尺寸,满足投影关系即可,如图 13-10 所示。

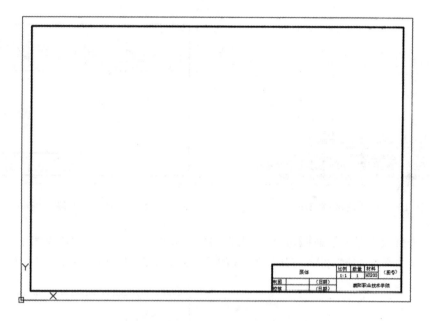

图 13-9 绘制标题栏

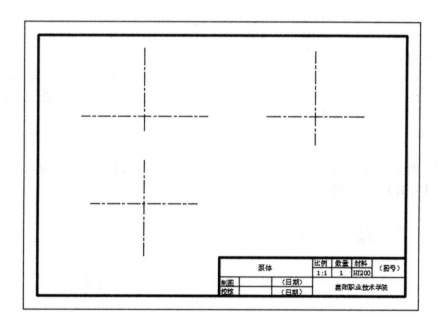

图 13-10 绘制作图基准

13.3.5 绘制俯视图

(1)单击修改工具栏【偏移】命令,输入 28,回车;鼠标左键单击选中俯视图中竖直方向的基准线,在左侧单击左键,得到与其相距 28 的平行线,如图 13-11、图 13-12 所示。

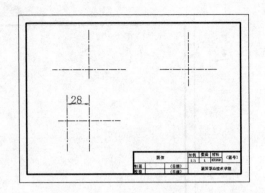

图 13-11 [偏移]命令行 ｜ 图 13-12 向左偏移 28mm

(2)单击修改工具栏【偏移】命令,输入 33,回车;鼠标左键单击选中俯视图中水平方向的基准线,在上方单击左键,得到与其相距 33 的平行线,如图 13-13—图 13-14 所示。

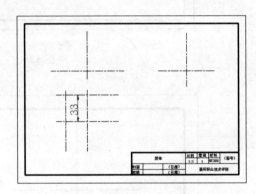

图 13-13 [偏移]命令行 ｜ 图 13-14 向上偏移 33mm

(3)将"粗实线"层置为当前,鼠标左键单击绘图工具栏【圆】命令,绘制 $\Phi50$、$\Phi36$ 的圆,如图 13-15、图 13-16、图 13-17 所示。

```
命令: _circle
指定圆的圆心或 [三点(3P)/两点(2P)/切点、切点、半径(T)]:
指定圆的半径或 [直径(D)] <10.0000>: 25
命令:
```

图 13-15 [圆]命令行

```
命令: _circle
指定圆的圆心或 [三点(3P)/两点(2P)/切点、切点、半径(T)]:
指定圆的半径或 [直径(D)] <25.0000>: 18
```

图 13-16 绘制 $\Phi50$、$\Phi36$ 圆

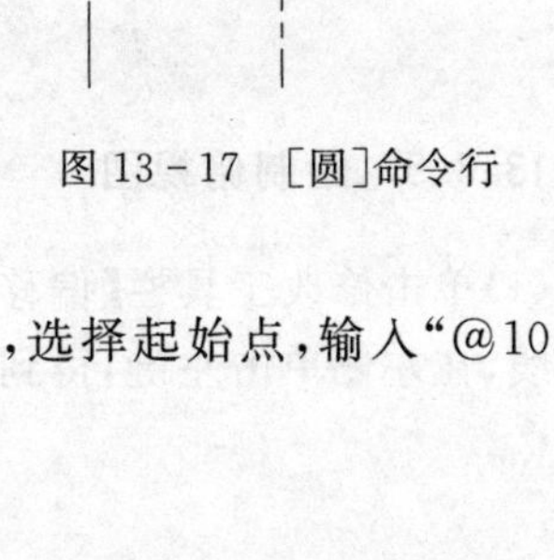

图 13-17 [圆]命令行

(4)绘制泵体后方凸台俯视图:

① 将"粗实线"层置为当前,单击绘图工具栏【直线】命令,选择起始点,输入"@10,0",绘制竖直直线,与 $\Phi50$ 圆相交。如图 13-18,图 13-19 所示。

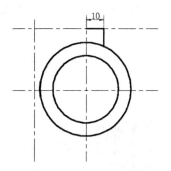

```
命令: _line
指定第一个点:
指定下一点或 [放弃(U)]: @10,0
指定下一点或 [放弃(U)]:
指定下一点或 [闭合(C)/放弃(U)]: *取消*
```

图 13-18　[直线]命令行　　　　　　　　　　图 13-19　绘制直线

② 使用绘图工具栏【偏移】命令,将竖直方向点画线向右侧偏移 7、6,得到内螺纹大径、小径的位置,如图 13-20,图 13-21 所示。

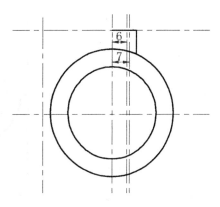

```
命令: _offset
当前设置: 删除源=否  图层=源  OFFSETGAPTYPE=0
指定偏移距离或 [通过(T)/删除(E)/图层(L)] <10.0000>: 7
选择要偏移的对象, 或 [退出(E)/放弃(U)] <退出>:
指定要偏移的那一侧上的点, 或 [退出(E)/多个(M)/放弃(U)] <退出>:
选择要偏移的对象, 或 [退出(E)/放弃(U)] <退出>:
命令: OFFSET
当前设置: 删除源=否  图层=源  OFFSETGAPTYPE=0
指定偏移距离或 [通过(T)/删除(E)/图层(L)] <7.0000>: 6
选择要偏移的对象, 或 [退出(E)/放弃(U)] <退出>:
指定要偏移的那一侧上的点, 或 [退出(E)/多个(M)/放弃(U)] <退出>:
选择要偏移的对象, 或 [退出(E)/放弃(U)] <退出>:
```

图 13-20　[偏移]命令行　　　　　　　　图 13-21　向右偏移 7mm、6mm

③ 分别用"粗实线"和"细实线"层,用绘图工具栏【直线】命令,描画内螺纹小径、大径,并使用修改工具栏中的【删除】【修剪】命令,修剪多余图线,修剪完成后如图 13-22 所示。

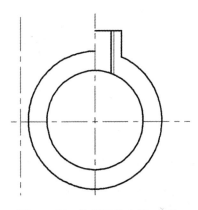

图 13-22　绘制螺纹小径、大径

④使用修改工具,栏【镜像】命令,选择凸台右半部分后回车;单击竖直方向点画线上两

点,以此来设定对称线,回车;修剪掉多余图线。如图 13-23、图 13-24 所示。

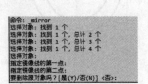

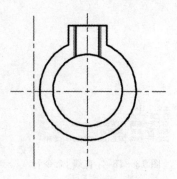

图 13-23 [镜像]命令行   图 13-24 后方凸台完成后效果

(5)使用与步骤(4)中类似方法,绘制右侧凸台的俯视图,完成后如图 13-25 所示。

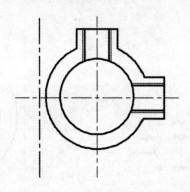

图 13-25 右侧凸台完成后效果

(6)图层"粗实线"置为当前,使用绘图工具栏【直线】命令,选中起点,输入"@0,25",绘制向上长度为 25 的直线,并向右侧继续画线,与凸台轮廓相交;修剪掉多余图线,如图 13-26,图 13-27 所示。

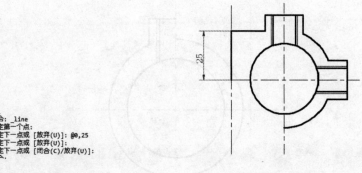

图 13-26 [直线]命令行   图 13-27 绘制长度 25mm 直线

(7)使用修改工具栏【镜像】命令,选择步骤(6)中所绘制的两条直线,回车,在水平点画线上两点单击,回车,完成镜像;修剪图线,如图 13-28 所示。

(8)绘制安装孔轴线:使用修改工具栏中【偏移】命令,输入偏移距离"30",选择水平方向点画线作为基准,分别向前、向后偏移,得到安装孔轴线,如图 13-29 所示。

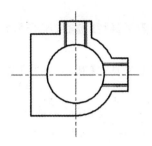

图 13-28　完成后效果

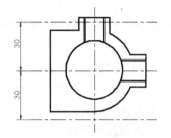

图 13-29　向前、向后偏移 30mm

(9)绘制外轮廓

① 使用【偏移】命令,生成轮廓位置,如图 13-30 所示;

② 将"粗实线"层置为当前,使用【直线】命令,绘制外轮廓,如图 13-31 所示;

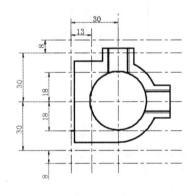

图 13-30　偏移

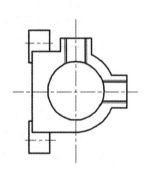

图 13-31　绘制外轮廓

③ 执行修改工具栏【圆角】命令,输入"r",回车,输入"3",选择需要倒角的两条边,完成倒角;以此类推,完成其余各处倒角,完成后如图 13-32 所示。

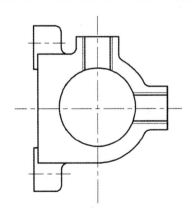

图 13-32　倒圆角

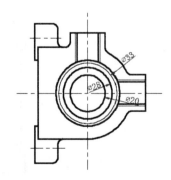

图 13-33　绘制 Φ20、Φ28、Φ33 圆

（10）完成俯视图局部剖

① 绘制 Φ20 圆：将"粗实线"层置为当前，执行绘图工具栏【圆心，半径】命令，选择圆心，输入 10，回车。

② 绘制 Φ28 圆：将"粗实线"层置为当前，执行绘图工具栏【圆心，半径】命令，选择圆心，输入 14，回车。

③ 绘制 Φ33 圆：将"细实线"层置为当前，执行绘图工具栏【圆心，半径】命令，选择圆心，输入 16.5，回车。完成后如图 13-33 所示。

④ 绘制断裂边界：将"细实线"层置为当前，执行绘图工具栏【样条曲线拟合】命令，选择合适的若干个点，直至出现理想的曲线，回车，完成后如图 13-34 所示。

⑤ 剪掉多余图线：执行修改工具栏【修剪】命令，回车，选择需要剪掉的图线段，完成后如图 13-35 所示。

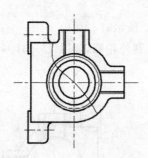 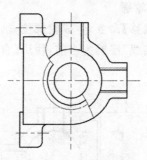

图 13-34　绘制局部剖边界　　　　　图 13-35　修剪多余线条

⑥ 填充剖面线：将"剖面线"层置为当前，执行绘图工具栏【图案填充】命令，在"图案"选项卡选择"ANSI131"，如图 13-36 所示；鼠标左键在需要填充剖面线的封闭区域内部依次单击，然后回车或空格，完成填充。完成后如图 13-37 所示。

图 13-36　填充图案

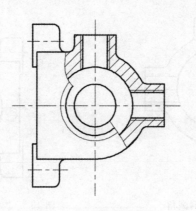

图 13-37　填充剖面线

13.3.6　绘制主视图

绘制主视图时,要保证与俯视图满足"长对正"的投影关系。在 AutoCAD 中,对正可借助"对象追踪"这一功能完成,具体操作方法是:执行某一命令,例如【直线】命令,然后将光标放在俯视图某个点处停顿,直至捕捉到相应点,接着向上移动光标,此时会出现一条彩色虚线,该虚线即为对象追踪线,此时在单击鼠标左键,即可保证新取到的点与俯视图中的点满足"长对正"关系。如图 13-38 所示。

(1)绘制外轮廓位置线:使用修改工具栏【偏移】命令,将主视图中水平基准线向上偏移 47,将新生成的基准线向下偏移 70;将主视图中竖直基准线向左偏移 28,向右偏移 25,如图 13-39 所示。

(2)将"粗实线"层置为当前,执行绘图工具栏【直线】命令,连接各点,并在下方倒圆角 $R3$,如图 13-40所示。

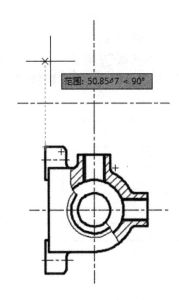

图 13-38　对象追踪

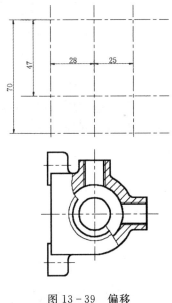

图 13-39　偏移
70mm、47mm、28mm、25mm

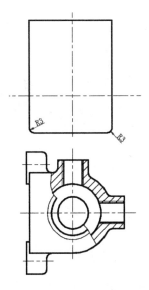

图 13-40　连接各点画线,
并倒圆角 $R3$

(3)绘制竖直方向螺孔、阶梯孔

① 确定孔深度位置:使用修改工具栏【偏移】命令,将主视图上方粗实线分别向下偏移15、57、60,如图 13-41 所示,确定孔的深度。

② 绘制光孔阶梯孔转向轮廓线投影:将"粗实线"层置为当前层,借助对象追踪功能,依

次绘制出转向轮廓线的投影,如图 13-42 所示。

③ 绘制螺纹孔投影:将"粗实线"层置为当前层,借助对象追踪功能,绘制螺纹孔小径投影;将"细实线"层置为当前层,绘制内螺纹大径投影,如图 13-42 所示。

④ 执行修改工具栏【镜像】命令,完成孔的左侧投影,如图 13-43 所示。

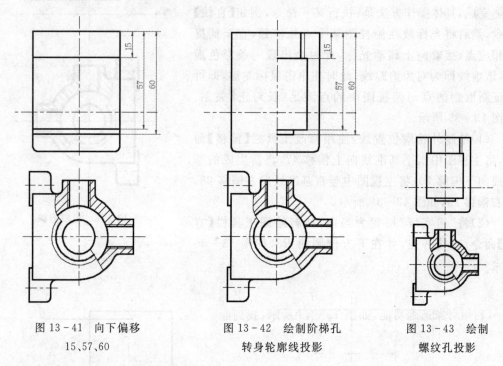

图 13-41   向下偏移
15、57、60

图 13-42   绘制阶梯孔
转身轮廓线投影

图 13-43   绘制
螺纹孔投影

⑤ 倒圆角:执行修改工具栏【圆角】命令,修剪模式,完成 R3 圆角,如图 13-45 所示。

⑥ 倒斜角:执行修改工具栏【倒角】命令,输入"d",回车;输入"1",回车;输入"1"回车;输入"t",回车;输入"n",回车;选择左侧需要倒斜角的两条边;同样的操作,完成另一侧倒角,命令如图 13-44 所示,完成后图形如图 13-45 所示。

⑦ 补画、修剪图线,如图 13-46 所示。

```
命令: _chamfer
("修剪"模式) 当前倒角距离 1 = 0.0000, 距离 2 = 0.0000
选择第一条直线或 [放弃(U)/多段线(P)/距离(D)/角度(A)/修剪(T)/方式(E)/多个(M)]: d
指定 第一个 倒角距离 <0.0000>: 1
指定 第二个 倒角距离 <1.0000>: 1
选择第一条直线或 [放弃(U)/多段线(P)/距离(D)/角度(A)/修剪(T)/方式(E)/多个(M)]: t
输入修剪模式选项 [修剪(T)/不修剪(N)] <修剪>: n
选择第一条直线或 [放弃(U)/多段线(P)/距离(D)/角度(A)/修剪(T)/方式(E)/多个(M)]:
选择第二条直线, 或按住 Shift 键选择直线以应用角点或 [距离(D)/角度(A)/方法(M)]:
命令: CHAMFER
```

图 13-44   [倒角]命令行

(4)绘制投影为圆的内螺纹

① 绘制内螺纹大径:将"细实线"层置为当前层,执行绘图工具栏"圆(圆心,半径)"命令,鼠标左键选择圆心,输入"7",回车,完成螺纹大径,如图 13-47 所示。

② 绘制内螺纹小径:将"粗实线"层置为当前层,执行绘图工具栏【圆(圆心,半径)】命令,鼠标左键选择圆心,输入"6",回车,完成螺纹小径,如图 13-47 所示。

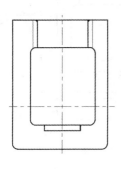

图 13-45 倒斜角

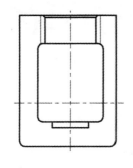

图 13-46 补画、修剪图线

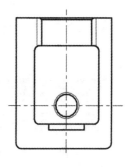

图 13-47 绘制
内螺纹大径、小径

③ 执行修改工具栏【修剪】命令,将大径修剪掉 1/4,如图 13-48 所示。

(5)绘制右侧凸台

① 执行修改工具栏【偏移】命令,将水平点画线分别向上、向下偏移 10;如图 13-49 所示。

② 将"粗实线"层置为当前层,执行绘图工具栏【直线】命令,利用对象追踪功能,如图 13-49 所示,找到起点,绘制凸台外轮廓;并见掉多余图线,修改完成后如图 13-50 所示。

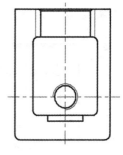

图 13-48 修剪后效果

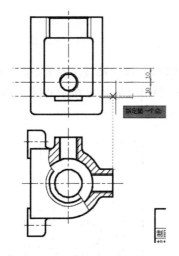

图 13-49 向上、向下偏移 10mm

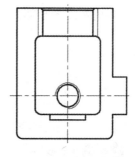

图 13-50 绘制右侧凸台

③ 倒圆角:执行修改工具栏【圆角】命令,输入"t",回车;输入"t",回车;输入"m",回车;选择需要倒角的边,完成倒圆角,命令行如图 13-51 所示,完成后视图如图 13-52 所示。

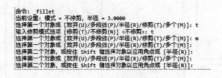

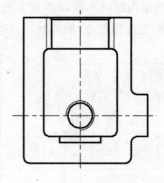

图 13-51　[圆角]命令行　　　　　　　图 13-52　倒圆角

④ 绘制凸台内螺纹孔上半部分:执行修改工具栏【偏移】命令,将水平点画线向上偏移6、7,如图 12-53,得到内螺纹孔大径、小径的位置;将"粗实线"层置为当前,绘制内螺纹小径;将"细实线"层置为当前,绘制内螺纹大径,删除辅助点画线,完成后如图 13-54 所示;

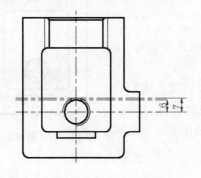

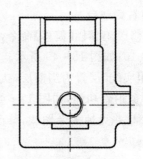

图 13-53　向上偏移 6、7　　　　　　图 13-54　螺纹小径、
　　　　　　　　　　　　　　　　　　　　　　大径上半部分

⑤ 绘制凸台内螺纹孔下半部分:如图 13-55 所示,执行修改工具栏【镜像】命令,选择内螺纹的大径、小径后回车,用鼠标左键指定镜像线,即用鼠标左键在中心线上拾取两点,然后输入"n",回车,得到内螺纹下半部分,如图 13-56 所示。

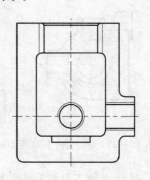

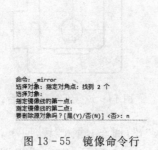

图 13-55　镜像命令行　　　　　　　　图 13-56　镜像得到
　　　　　　　　　　　　　　　　　　　　内螺纹小径、大径下半部分

⑥ 绘制孔的相贯线

a. 找到相贯线上最左侧点:打开"正交",执行绘图工具栏【直线】命令,绘制辅助线,找到相贯线上最左侧点,如图 13-57 所示;

b. 如图 13-58 所示,执行绘图工具栏【圆弧(三点)】命令,按逆时针方向依次单击相贯线上三点,绘制相贯线,完成后如图 13-59 所示。

c. 修剪掉多余图线,完成后如图 13-60 所示。

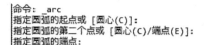

```
命令: _arc
指定圆弧的起点或 [圆心(C)]:
指定圆弧的第二个点或 [圆心(C)/端点(E)]:
指定圆弧的端点:
```

图 13-58 [圆弧(三点)]命令行

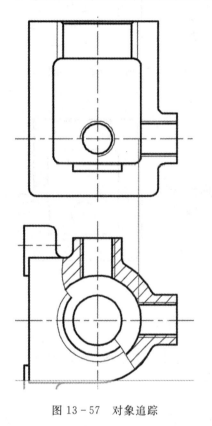

图 13-57 对象追踪

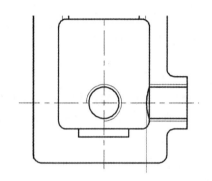

图 13-59 绘制相贯线

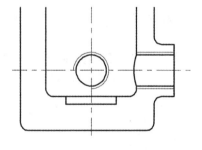

图 13-60 修剪后效果

(6)绘制安装板投影

① 绘制安装孔定位尺寸:如图 13-61 所示,利用【偏移】命令,绘制安装板孔轴线;

② 绘制安装板外轮廓定位线:如图 13-62 所示,利用【偏移】命令,绘制安装板外轮廓定位线;将"粗实线"层置为当前,执行绘图工具栏【直线】命令,绘制安装板外轮廓,完成后如图 13-63 所示。

(7)填充剖面线

将"剖面线"层置为当前,执行绘图工具栏【图案填充】命令,选择"ANSI31"图案,鼠标左键单击需要填充的区域内部某一点,然后回车,完成填充,完成后如图 13-64 所示。

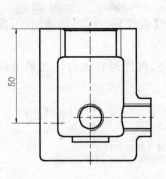

图 13-61　偏移 50mm

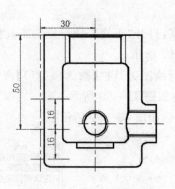

图 13-62　确定外轮廓位置

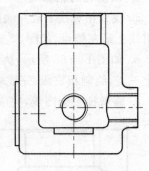

图 13-63　绘制外轮廓

13.3.7　绘制左视图

（1）绘制泵体外轮廓

① 执行修改工具栏【偏移】命令，将左视图竖直方向作图基准向右偏移 25；水平方向作图基准向上偏移 47、向下偏移 3、向下偏移 23，如图 13-65 所示。

② 将"粗实线"层置为当前，执行绘图工具栏【直线】命令，绘制泵体外轮廓，如图 13-66 所示；

③ 执行修改工具栏【圆角】命令，输入"3"，回车，选择需要到脚的边，完成 R3 圆角，删除辅助点画线，完成后如图 13-67 所示。

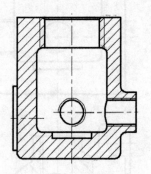

图 13-64　填充剖面线

④ 执行修改工具栏【镜像】命令，选中将步骤②-③中绘制的轮廓线，回车，鼠标在竖直方向点画线上两点单击，回车，得到另一半轮廓线，如图 13-68 所示。

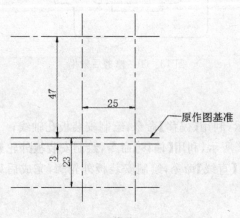

图 13-65　偏移 25、47、3、23

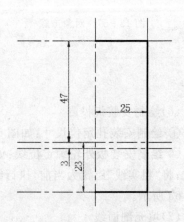

图 13-66　绘制泵体外轮廓

图 13-67 倒圆角 R3

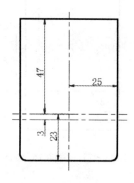

图 13-68 镜像,得到
另一半轮廓

(2)绘制前方安装板投影

① 绘制安装孔定位线:执行修改工具栏【偏移】命令,输入 30,回车,选择竖直方向作图基准点画线,在右侧单击,生成与其相距 30 的点画线,如图 13-69 所示。

② 水平方向共有 2 条点画线,1 和 2,删除点画线 1,如图 13-70 所示。

③ 将点画线 2 向上偏移 16、向下偏移 16:执行修改工具栏【偏移】命令,输入"16",回车,选择点画线 2,在上方单击,在下方单击;类似地,将竖直方向点画线向右偏移 18。完成后如图 13-71 所示。

④ 将"粗实线"层置为当前,连线,删去辅助点画线,修剪掉多余图线,完成后如图 13-72 所示。

⑤ 绘制 Φ16 的圆:如图 13-73 所示;

⑥ 设置对象捕捉模式,将"切点"勾选,如图 13-74 所示;

⑦ 如图 13-75 所示,执行绘图工具栏【直线】命令,鼠标左键单击点 1,然后将光标移动到 Φ16 圆的上半部分直至出现切点的捕捉符号后单击,绘制切线;同样地,过点 2 绘制 Φ16 的圆的切线。

⑧ 修剪多余图线,完成后如图 13-76 所示。

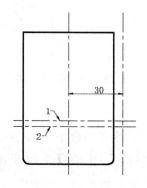

图 13-69 向右偏移 30

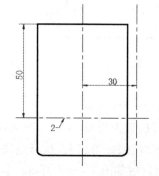

图 13-70 删除点画线 1

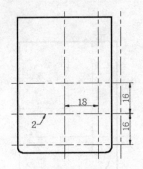

图 13-71 偏移 16、16、18

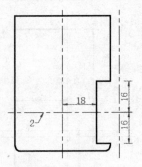

图 13-72 修剪多余线条

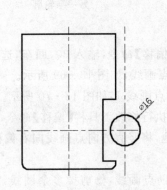

图 13-73 绘制 Φ16 圆

图 13-74 勾选"切点"

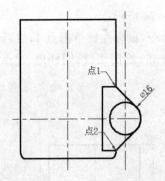

图 13-75 过点 1、2 绘制一切线

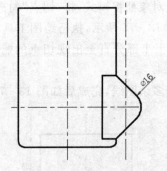

图 13-76 修剪后效果

⑨ 绘制 M10-7H 内螺纹孔：

将"粗实线"层置为当前，执行绘图工具栏【圆（圆心，半径）】命令，单击点画线交点，输入 4，回车；将"细实线"层置为当前，执行绘图工具栏【圆（圆心，半径）】命令，单击点画线交点，输入 5，回车，完成后如图 13-77 所示。

执行修改工具栏【修剪】命令，回车，单击细实线圆的左下角部分，将其剪掉；调整竖直点画线的长度；倒角 R3，完成后如图 13-78 所示。

（3）绘制后方安装板投影

执行修改工具栏【镜像】命令，选择步骤（2）中绘制的前方安装板，回车，在竖直作图基准点画线上两点单击鼠标左键，回车，得到后方安装板投影，如图13-79所示。

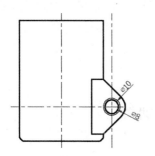

图13-77　绘制 Φ8、Φ10 圆

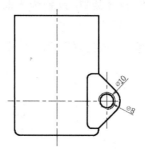

图13-78　修剪多余线条

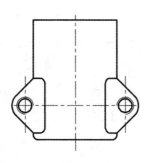

图13-79　镜像

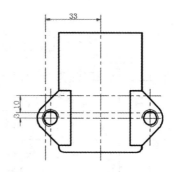

图13-80　偏移确定凸台位置

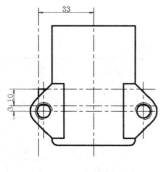

图13-81　绘制凸台

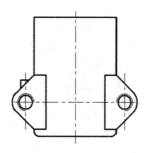

图13-82　修剪后效果

（4）绘制后方凸台投影

① 执行修改工具栏【偏移】命令，确定凸台位置，如图13-80所示；

② 将"粗实线"层置为当前，执行绘图工具栏【直线】命令，绘制凸台投影，如图13-81所示；

③ 删去辅助点画线，完成后如图13-82所示。

13.3.8 标注零件尺寸

设置"尺寸线"层为当前图。单击【图层】工具栏中的【图层控制】,在下拉列表中选择"尺寸线"选项,即将"尺寸线"层设置为当前图层.

设置尺寸标注样式。请参照"项目一"和"机械制图"国标规定进行尺寸标注样式设置,这里就不在赘述。完成后如图 13-1 所示。

13.4 拓展训练

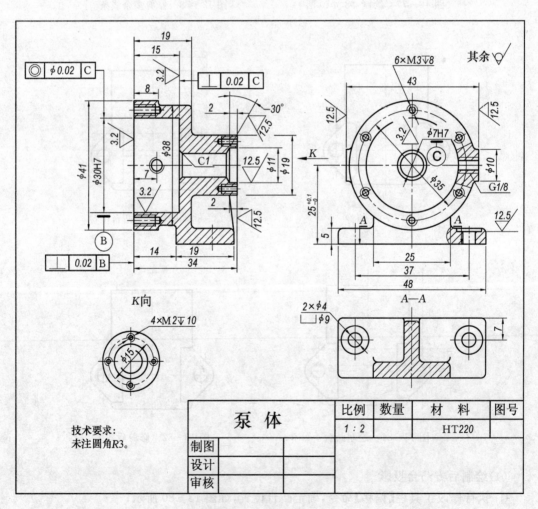

图 13-83 拓展训练 1

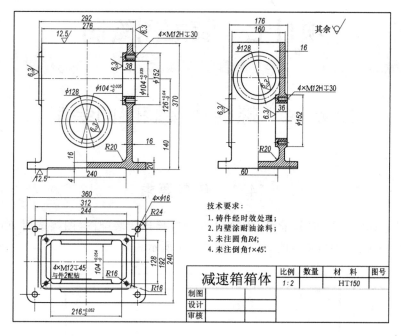

图 13-84 拓展训练 2

技术要求：
1. 铸件经时效处理；
2. 内壁涂耐油涂料；
3. 未注圆角 R4；
4. 未注倒角 1×45°。

减速箱箱体	比例	数量	材料	图号
	1:2		HT150	
制图				
设计				
审核				

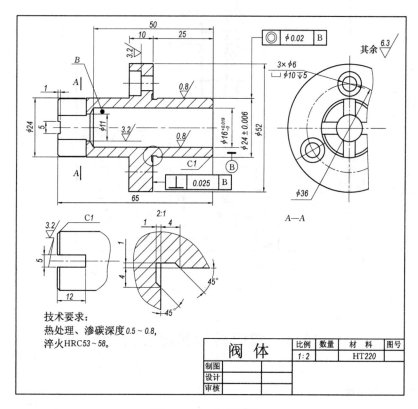

图 13-85 拓展训练 3

技术要求：
热处理、渗碳深度 0.5~0.8,
淬火 HRC53~58。

阀 体	比例	数量	材料	图号
	1:2		HT220	
制图				
设计				
审核				

项目七 装配图绘制

任务14 螺栓连接装配图绘制

14.1 任务要求

要求运用 AutoCAD2016,采用近似画法绘制螺栓连接装配图,图幅选用 A4(竖放),比例 1∶1,标注零部件序号,填写明细栏,如图 14-1 所示。

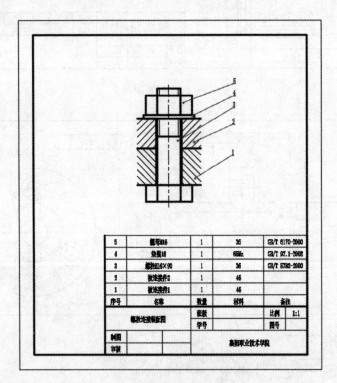

5	螺母M16	1	35	GB/T 6170-2000
4	垫圈16	1	65Mn	GB/T 97.1-2002
3	螺栓M16×90	1	35	GB/T 5782-2000
2	被连接件2	1	45	
1	被连接件1	1	45	
序号	名称	数量	材料	备注
螺栓连接装配图		班级		比例	1:1
		学号		图号	
制图			襄阳职业技术学院		
审核					

图 14-1 螺栓连接装配图

14.2 知识目标和能力目标

14.2.1 知识目标

(1)熟练掌握图层的设置方法及操作步骤;

（2）熟练掌握直线、圆、正多边形、图样填充等绘图工具的运用；

（3）熟练掌握打断、修剪、倒圆角、偏移、倒斜角等修改工具的运用；

（4）熟练掌握多重引线的设置方法及多重引线标注；

（5）熟练掌握端点、中点、圆心等对象捕捉命令的运用；

（6）熟练掌握装配图的绘制方法和思路。

14.2.2 能力目标

（1）能够灵活运用 AutoCAD 常用命令，按照要求完成较简单装配图的绘制；

（2）能熟练创建多重引线标注样式，正确标注零部件序号。

14.3 实施过程

14.3.1 新建文件，存盘

（1）启动 AutoCAD2016

双击电脑桌面上 AutoCAD2016 的快捷方式图标，或者执行"开始"→"所有程序"→"Autodesk"→"Autodesk2016－简体中文"→"Autodesk2016－简体中文"命令，启动 Auto-CAD2016 中文版。

（2）新建文件

单击【标题栏】中【文件】按钮，在下拉列表中选择"新建"，或者单击【标题栏】中【新建】按钮，新建一个文件，将其保存为"螺栓连接装配图.dwg"。

14.3.2 设定图层

单击【图层】工具栏中的【图层特性】按钮，或单击【格式】—图层，或在命令输入栏中输入"LAYER"，弹出【图层特性管理器】对话框，如图 14－2 所示；根据绘图需要在【图层特性管理器】中添加图层，设置名称、颜色、线性、线宽等图层参数，如图 14－3 所示。

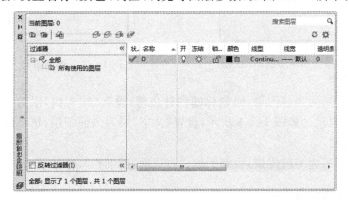

图 14－2 "图层特性管理器"对话框

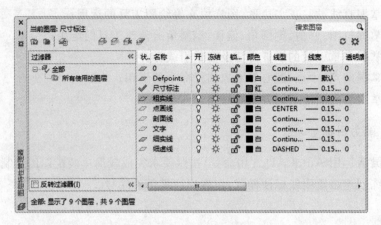

图 14-3 图层设置

14.3.3 绘制图框、标题栏、明细栏

(1)绘制 A4 图幅的外边框、图框

设置"细实线"层为当前图层,单击绘图工具栏中的【矩形】按钮,或者在命令输入栏中输入"RECTANG",输入矩形起点坐标"0,0",输入矩形终点坐标"@210,297,按"Enter"键确认,按"Esc"键退出,完成后如图 14-4 所示。执行修改工具栏【偏移】命令,输入"10",按"Enter"键确认,选择刚刚绘制的外边框,在边框内部单击鼠标左键,得到与其相距 10 的图框。选中图框,将其放置到"粗实线"层,完成后如图 14-5 所示。

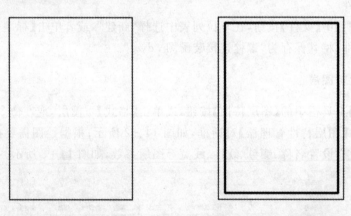

图 14-4 绘制 A4 图幅   图 14-5 绘制图框

(2)绘制标题栏

设置"粗实线"层为当前图层,绘制标题栏外边框;设置"细实线"层为当前图层,绘制标题栏内边框,标题栏尺寸如图 14-6 所示,设置"文字"层为当前图层,填写标题栏。

(3)绘制明细栏

设置"细实线"层为当前图层,绘制明细栏内边框,明细栏尺寸如图 14-6 所示。

14.3.4 装配图绘制方法

使用 AutoCAD 绘制螺栓连接装配图,可采用如下几种方法:(1)采用绘图指令,直接绘

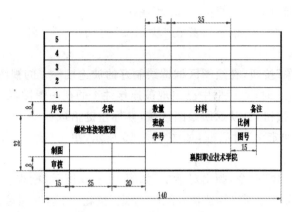

图 14-6 绘制标题栏、明细栏

制装配图;(2)用块插入法绘制装配图;(3)用"复制选择——粘贴"法绘制装配图。

其中,第(1)种方法直接在绘图区域绘制图线,一步一步完成装配图,当装配图较复杂时并不适用;第(2)(3)种方法都是首先绘制出单个零件的视图,然后再进行拼装,适用性更强。

14.3.5 用块插入法绘制装配图

(1)绘制零件 1~5 的零件图视图

这里,根据装配图中的标准件规定标记,采用比例画法绘制被连接件 1、被连接件 2、螺栓、垫圈、螺母的零件图视图,不需标注尺寸,尺寸如图 14-7~图 14-11 所示,这里具体绘图步骤不再赘述。

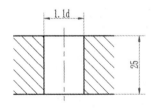

图 14-7 被连接件 1

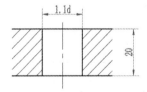

图 14-8 被连接件 2

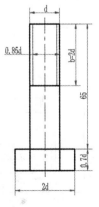

图 14-9 螺栓

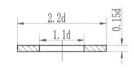

图 14-10 垫圈

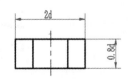

图 14-11 螺母

(2)制作图块"被连接件1",并将其插入图幅中

① 单击"绘图——块——创建",弹出"块定义"对话框,在"名称"一栏输入"被连接件1",如图14-12所示。

② 单击"选择对象"按钮,在绘图区框选绘制好的被连接件1的视图,按"Enter"键确认,返回"块定义"对话框,此时,对话框中已出现被连接件1的视图图样,如图14-13所示。

③ 单击"拾取点"按钮,自动返回绘图区域,鼠标左键拾取如图14-14所示的点1作为块的基点,自动返回"块定义"对话框,如图14-15所示,单击"确定"按钮,完成被连接件1图块的创建。

④ 执行"插入——块"命令,弹出对话框,如图14-16所示,检查名称是否为"被连接件1",勾选"插入点在屏幕上指定"复选框,单击"确定"按钮,自动返回绘图区域,单击鼠标左键,将图块"被连接件1"放置到图幅内合适位置,完成后如图14-17所示。

图14-12 输入名称,选择对象

图14-13 拾取点

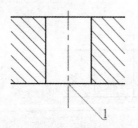

图14-14 拾取点1

图14-15 完成块"被连接件1"的创建

图14-16 "插入"对话框

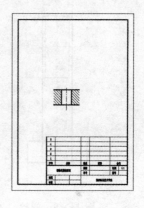

图14-17 放置块"被连接件1"

(3)制作图块"被连接件2",并将其插入图幅中

① 制作图块"被连接件2":采用与"被连接件1"同样的图块制作方法和步骤,制作图块"被连接件2",块的基点为点2,如图14-18所示。

② 插入图块"被连接件2":执行"插入——块"命令,将图块名称选择为"被连接件2",将图块"被连接件2"装配到"被连接件1"的上方如图14-19所示,指定插入点如图14-20所示。

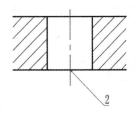

图14-18 块"被连接件2"
的基准点

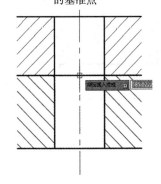

图14-20 指定"被连接件2"插入点

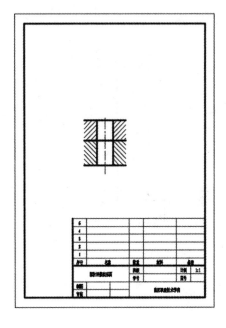

图14-19 放置块"被连接件2"

(4)制作图块"螺栓",并将其插入图幅中

① 制作图块"螺栓":采用同样的制作方式,创建图块"螺栓",基点定为点3,如图14-21所示。

② 插入图块"螺栓":执行"插入——块"命令,选择图块名称为"螺栓",自动返回绘图区域,单击鼠标左键,将螺栓插入到被连接件1、被连接件2,完成后如图14-22所示,指定插入点如图14-23所示。

③ 处理被遮挡的线:插入螺栓后,会遮挡被连接件1和2上的图线,此时,要将这些不可见图线修剪掉。选择被连接件1、被连接件2,执行修改工具栏【分解】命令,将被连接件1和2分解成单条线,以便进行修剪。执行【修剪】命令,剪去多余图线,修剪完成后,如图14-24所示。

(5)制作图块"垫圈",并将其插入图幅中

① 制作图块"垫圈":采用同样的图块制作方法,制作图块"垫圈",基点定为点4,如图14-25所示。

② 插入图块"垫圈":执行"插入——块"命令,选择图块名称为"垫圈",自动返回绘图区域,单击鼠标左键,将螺栓插入到被连接件1上方,完成后如图14-26所示,指定插入点如图14-27所示。

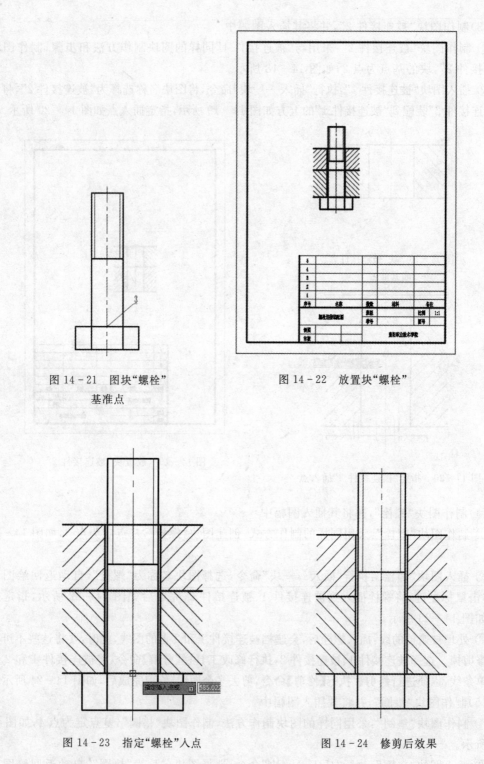

图 14-21 图块"螺栓"
基准点

图 14-22 放置块"螺栓"

图 14-23 指定"螺栓"入点

图 14-24 修剪后效果

③ 处理被遮挡的线：选中"垫圈""螺栓"，执行修改工具栏"分解"命令，将其分解成单条
直线，以便进行修剪。执行【修剪】【删除】命令，去除多余图线，完成后如图 14-28 所示。

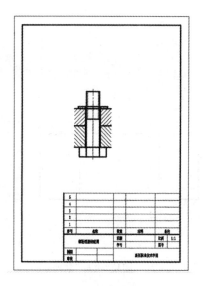

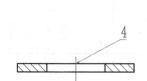

图 14-25　图块"垫圈"基准点

图 14-26　放置块"垫圈"

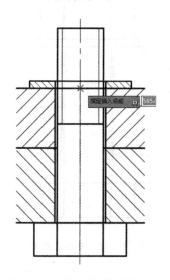

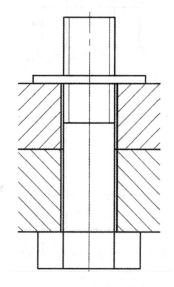

图 14-27　指定"垫圈"插入点

图 14-28　修剪后效果

（6）制作图块"螺母"，并将其插入图幅中

① 制作图块"螺母"：采用同样的图块制作方法，制作图块"螺母"，基点定为点 5，如图 14-29 所示。

② 插入图块"螺母"：执行"插入——块"命令，选择图块名称为"螺母"，自动返回绘图区域，单击鼠标左键，将螺栓插入到垫圈上方，完成后图 14-30 如所示，指定插入点如图 14-31 所示。

③ 处理被遮挡的线：执行【修剪】命令，剪去多余图线，修剪完成后如图 14-32 所示。

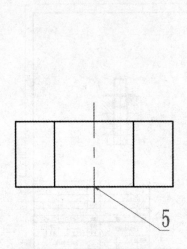

图 14-29 图块"螺母"基准点

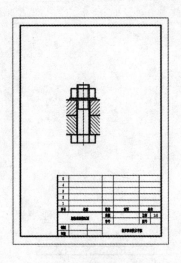

图 14-30 放置块"螺母"

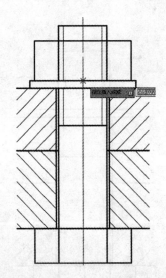

图 14-31 指定"螺母"插入点

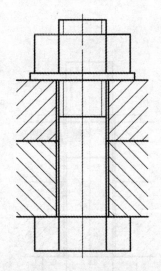

图 14-32 修剪后效果

（7）添加零部件编号

① 创建"多重引线"样式：执行"格式——多重引线"命令，弹出"多重引线样式管理器"对话框，如图 14-33 所示；单击"新建"按钮，弹出"创建多重引线样式"对话框，如图 14-34 所示，将"新样式名"设置为"零部件编号"，单击"继续"按钮，弹出"修改多重引线样式：零部件编号"对话框，如图 14-35 所示；在"引线样式"选项卡，将"符号"设置为"点"，大小设置为"1"；在"内容"选项卡，将"连接位置-左（E）"一项设置为"最后一行加下划线"，将"连接位置-右（R）"一项设置为"最后一行加下划线"，如图 14-36 所示，单击"确定"按钮，回到"多重引线样式管理器"，如图 14-37 所示；单击"置为当前"按钮后关闭。至此，已创建"零部件编号"样式并将其置为当前。

图 14-33 "多重引线样式管理器"——"新建"

图 14-34 样式名"零部件编号"

图 14-35 设置"引线格式"

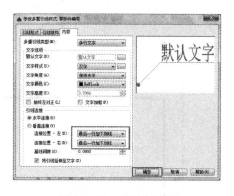

图 14-36 设置"内容"

图 14-37 将样式"零部件编号"置为当前

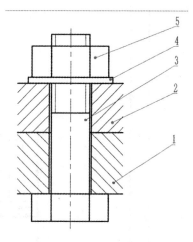

图 14-38 添加零部件编号

②添加零部件编号:将"尺寸标注"层置为当前层,执行"标注——多重引线"命令,标注各个零件序号,注意排列整齐,完成后如图 14-38 所示。

③填写标题栏、明细栏:将"细实线"层置为当前层,执行【多行文字】命令,填写标题栏和明细栏,完成后如图 14-39 所示。

5	螺母M16	1	35	GB/T 6170-2000
4	垫圈16	1	65Mn	GB/T 97.1-2002
3	螺栓M16×90	1	35	GB/T 5782-2000
2	被连接件2	1	45	
1	被连接件1	1	45	
序号	名称	数量	材料	备注

螺栓连接装配图		班级		比例	1:1
		学号		图号	
制图			襄阳职业技术学院		
审核					

图 14 - 39　填写标题栏、明细栏

至此,螺栓连接装配图完成,如图 14 - 40 所示。

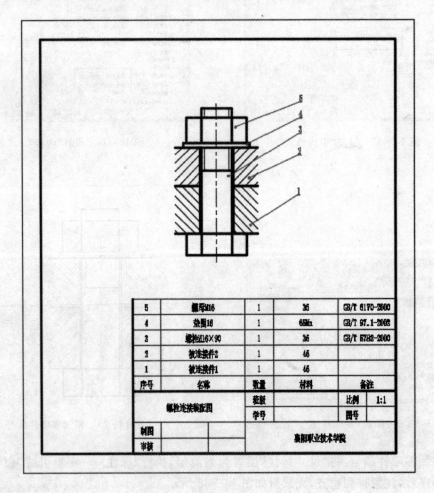

图 14 - 40

14.4 拓展训练

根据示意图及零件图,绘制机用虎钳装配图。

机用虎钳工作原理:

机用虎钳是一种装在机床工作台上用来加紧零件,以便进行加工的夹具。

当用扳手转动螺杆时,螺杆带动方块螺母使活动钳块沿钳座作直线运动,方块螺母与活动钳块用螺钉连成一体,这样使钳口闭合或开放,夹紧或卸下零件。两块护口板用沉头螺钉紧固在钳座上,以便磨损后可以更换。

序号	名称	数量	材料	附注
1	螺钉 M10×20	4	Q235	GB68－2000
2	护口板	2	45	
3	螺钉	1	Q235	
4	活动钳口	1	HT200	
5	销 3×16	1	Q235	GB91－2000
6	螺母 M10	1	Q235	GB6170－2000
7	垫圈 10	1	Q235	GB97.2－2002
8	螺杆	1	45	
9	方块螺母	1	Q275	
10	钳座	1	HT200	
11	垫圈	1	Q275	

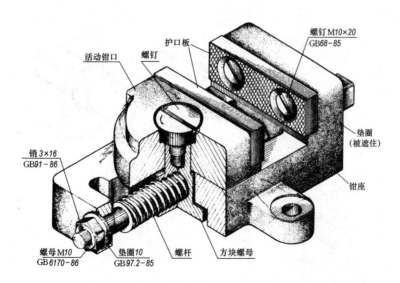

图 14-41 虎钳装配示意图

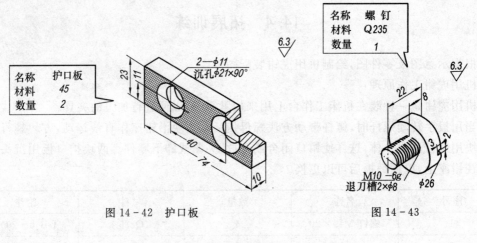

图 14-42 护口板

图 14-43

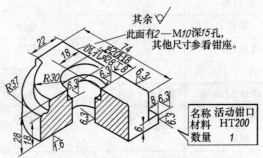

图 14-44 活动钳口

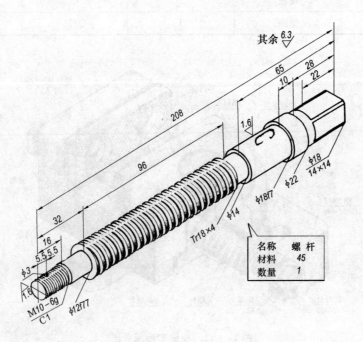

图 14-45 螺杆

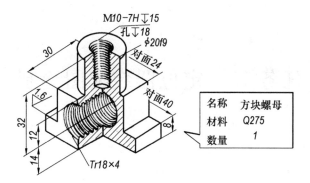

图 14-46　方块螺母

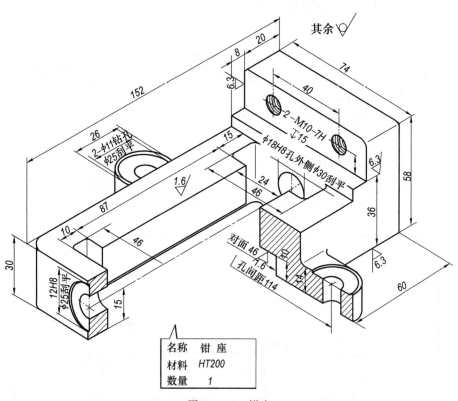

图 14-47　钳座

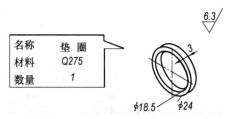

图 14-48　垫圈

任务 15　定位器装配图绘制

15.1　任务要求

根据定位器的装配示意图（如图 15 - 1）和零件图（如图 15 - 2 至图 15 - 7），绘制定位器装配图，软件采用 AutoCAD2016，图幅选用 A4（竖放），比例 1∶1，标注零部件序号，填写明细栏（6 号零件为螺钉 GB/T 73 M5X5）。

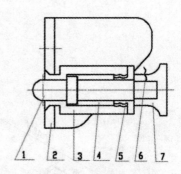

图 15 - 1　定位器装配示意图

定位器安装在一起的机箱内壁上。工作时，定位轴的球面段插入被固定零件的孔中。当被固定零件需要变换位置时，应拉动把手 7，将定位轴从该零件孔中拉出。松开把手后，压簧使定位轴回复原位。

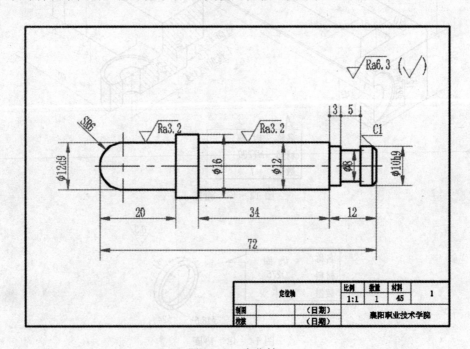

图 15 - 2　定位轴

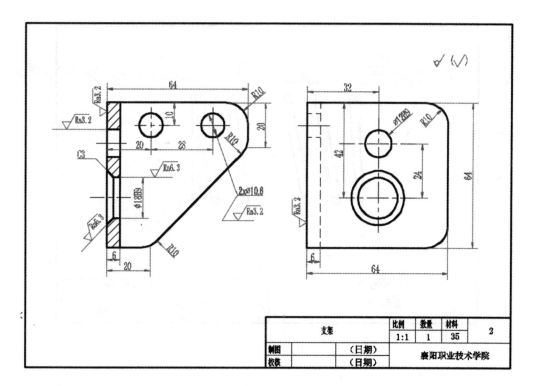

图 15-3 支架

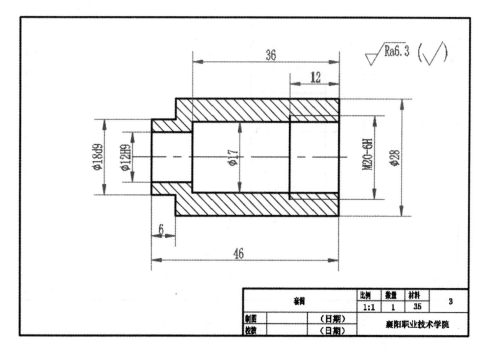

图 15-4 套筒

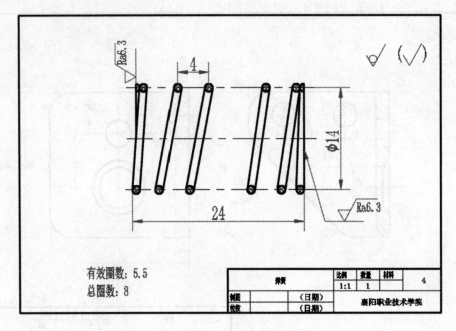

图 15 - 5 弹簧

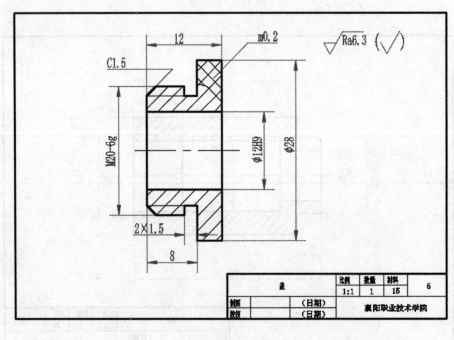

图 15 - 6 盖

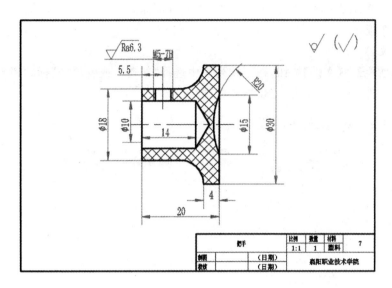

图 15 - 7　把手

15.2　知识目标和能力目标

15.2.1　知识目标

(1)熟练掌握图层的设置方法及操作步骤；

(2)熟练掌握直线、圆、正多边形、图样填充等绘图工具的运用；

(3)熟练掌握打断、修剪、倒圆角、偏移、倒斜角等修改工具的运用；

(4)熟练掌握多重引线的设置方法及多重引线标注；

(5)熟练掌握端点、中点、圆心等对象捕捉命令的运用；

(6)熟练掌握装配图的绘制方法和思路。

15.2.2　能力目标

(1)能够灵活运用 AutoCAD 常用命令,按照要求完成较简单装配图的绘制；

(2)能熟练创建多重引线标注样式,正确标注零部件序号。

15.3　实施过程

15.3.1　新建文件,存盘

(1)启动 AutoCAD2016

双击电脑桌面上 AutoCAD2016 的快捷方式图标,或者执行"开始"→"所有程序"→

"Autodesk"→"Autodesk2016－简体中文"→"Autodesk2016－简体中文"命令,启动 Auto-CAD2016 中文版。

（2）新建文件

单击【标题栏】中【文件】按钮,在下拉列表中选择"新建",或者单击【标题栏】中【新建】按钮,新建一个文件,将其保存为"定位器装配图.dwg"。

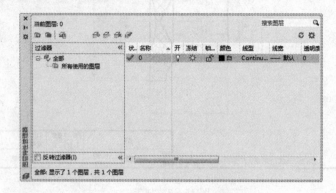

图 15－8　"图层特性管理器"对话框

15.3.2　设定图层

单击【图层】工具栏中的【图层特性】按钮,或单击【格式】—图层,或在命令输入栏中输入"LAYER",弹出【图层特性管理器】对话框,如图 15－8 所示;根据绘图需要在【图层特性管理器】中添加图层,设置名称、颜色、线性、线宽等图层参数,如图 15－9 所示。

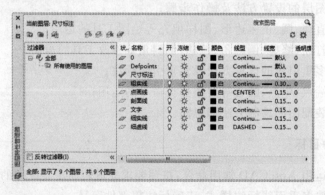

图 15－9　图层设置

15.3.3　绘制图框、标题栏、明细栏

（1）绘制 A4 图幅的外边框、图框

设置"细实线"层为当前图层,单击绘图工具栏中的【矩形】按钮,或者在命令输入栏中输入"RECTANG",输入矩形起点坐标"0,0",输入矩形终点坐标"@210,297,按"Enter"键确认,按"Esc"键退出,完成后如图 15－10 所示。执行修改工具栏【偏移】命令,输入"10",按"Enter"键确认,选择刚刚绘制的外边框,在边框内部单击鼠标左键,得到与其相距 10 的图

框。选中图框,将其放置到"粗实线"层,完成后如图 15-11 所示。

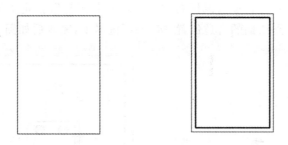

图 15-10 绘制 A4 图幅　　　图 15-11 绘制图框

(3)绘制标题栏

设置"粗实线"层为当前图层,绘制标题栏外边框;设置"细实线"层为当前图层,绘制标题栏内边框,标题栏尺寸如图 15-12 所示,设置"文字"层为当前图层,填写标题栏。

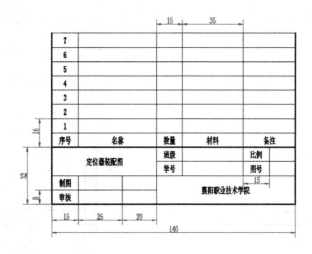

图 15-12 绘制标题栏、明细栏

15.3.4　装配图绘制方法

使用 AutoCAD 绘制螺栓连接装配图,可采用如下几种方法:(1)采用绘图指令,直接绘制装配图;(2)用块插入法绘制装配图;(3)用"复制选择"法绘制装配图。

第(2)种绘制方法在任务 14 中已有详细描述,此处采用第(3)中绘图方法,完成定位器的装配图。

15.3.5　用"复制选择"法绘制装配图

(1)绘制各零件图视图

零件 1~5、7 的零件图见图 15-2 至图 15-7,根据给出的零件图,绘制相应视图,不标注尺寸和技术要求,有关画法此处不再赘述。利用比例画法,绘制 6 号零件的视图,如图15-13 所示。

（2）将支架放入图幅

框选绘制好的支架视图，单击鼠标右键，单击"复制选择"，指定支架上任一点作为复制选择的基点，将其粘贴到图幅的合适位置，按"Esc"键退出，完成后如图 15 - 14 所示。

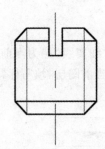

图 15 - 13　定位螺钉

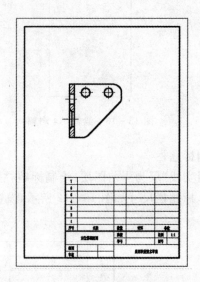

图 15 - 14　将支架粘贴到合适位置

（2）粘贴套筒

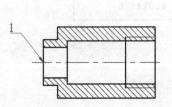

图 15 - 15　套筒"复制选择"基点"1"

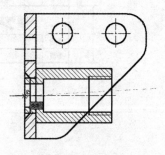

图 15 - 16　粘贴基点

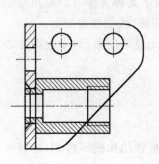

图 15 - 17　粘贴套筒

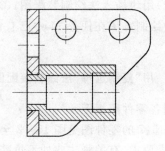

图 15 - 18　修剪多余图线

　　框选绘制好的套筒视图,单击鼠标右键,单击"复制选择",如图 15-15 所示,指定套筒上点 1 作为复制选择的基点,将其粘贴到支架上,粘贴位置如图 15-16～图 15-17 所示,按"Esc"键退出。修剪多余图线,完成后如图 15-18 所示。

　　(3)粘贴端盖

　　框选绘制好的端盖视图,单击鼠标右键,单击"复制选择",如图 15-19 所示,指定套筒上点 2 作为复制选择的基点,将其粘贴到支架上,粘贴位置如图 15-20～图 15-21 所示,按"Esc"键退出。修剪多余图线,完成后如图 15-22 所示。

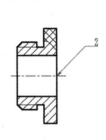
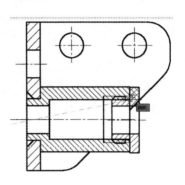

图 15-19　端盖　　　　　　　　图 15-20　粘贴基点

"复制选择"基点"2"

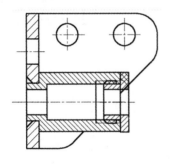
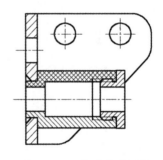

图 15-21　粘贴端盖　　　　　　图 15-22　修剪多余图线

(4)粘贴定位轴

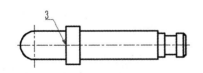
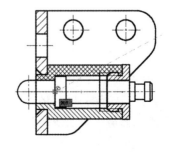

图 15-23　定位轴"复制选择"基点 3　　　　图 15-24　粘贴基点

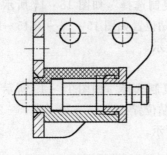

图 15-25　粘贴定位轴

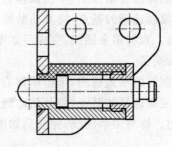

图 15-26　修剪多余图线

　　框选绘制好的定位轴视图,单击鼠标右键,单击"复制选择",如图 15-23 所示,指定套筒上点 3 作为复制选择的基点,将其粘贴到套筒上,粘贴位置如图 15-24～图 15-25 所示,按"Esc"键退出。修剪多余图线,完成后如图 15-26 所示。

　　(5)粘贴弹簧

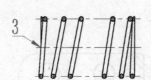

图 15-27　弹簧"复制选择"基点"3"

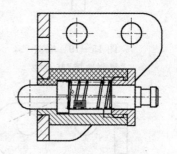

图 15-28　粘贴基点

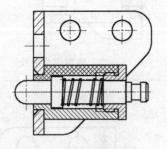

图 15-29　粘贴弹簧

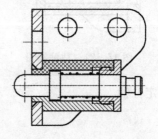

图 15-30　修剪多余图线

　　框选绘制好的弹簧视图,单击鼠标右键,单击"复制选择",如图 15-27 所示,指定套筒上点 3 作为复制选择的基点,将其粘贴到套筒上,粘贴位置如图 15-28、图 15-29 所示,按"Esc"键退出。修剪多余图线,完成后如图 15-30 所示。

　　(6)粘贴把手

　　框选绘制好的把手视图,单击鼠标右键,单击"复制选择",如图 15-31 所示,指定套筒上点 3 作为复制选择的基点,将其粘贴到套筒上,粘贴位置如图 15-32、图 15-33 所示,按

"Esc"键退出。修剪多余图线,完成后如图 15-34 所示。

图 15-31 把手"复制选择"基点"4"

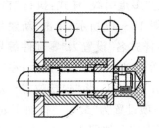

图 15-32 粘贴位置

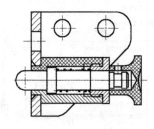

图 15-33 粘贴把手

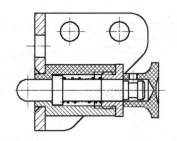

图 15-34 修剪多余图线

(7)粘贴螺钉

框选绘制好的螺钉视图,单击鼠标右键,单击"复制选择",如图 15-35 所示,指定套筒上点 3 作为复制选择的基点,将其粘贴到套筒上,粘贴位置如图 15-36、图 15-37 所示,按"Esc"键退出。修剪多余图线,完成后如图 15-38 所示。

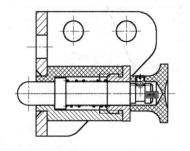

图 15-36 粘贴位置

图 15-35 螺钉"复制选择"基点"5"

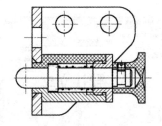

图 15-37 粘贴螺钉

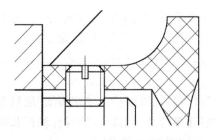

图 15-38 修剪多余图线

(7)添加零部件编号

① 创建"多重引线"样式：执行"格式——多重引线"命令，弹出"多重引线样式管理器"对话框，如图 15-39 所示；单击"新建"按钮，弹出"创建多重引线样式"对话框，如图 15-40 所示，将"新样式名"设置为"零部件编号"，单击"继续"按钮，弹出"修改多重引线样式：零部件编号"对话框，如图 15-41 所示；在"引线样式"选项卡，将"符号"设置为"点"，大小设置为"1"；在"内容"选项卡，将"连接位置－左（E）"一项设置为"最后一行加下划线"，将"连接位置－右（R）"一项设置为"最后一行加下划线"，如图 15-42 所示，单击"确定"按钮，回到"多重引线样式管理器"，如图 15-43 所示；单击"置为当前"按钮后关闭。至此，已创建"零部件编号"样式并将其置为当前。

图 15-39　多重引线样式管理器

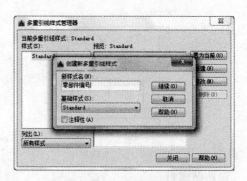

图 15-40　样式名"零部件编号"

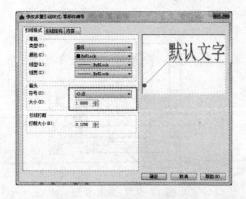

图 15-41　设置"引线格式"

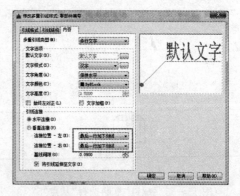

图 15-42　设置"内容"

②添加零部件编号：将"尺寸标注"层置为当前层，执行"标注——多重引线"命令，标注各个零件序号，注意排列整齐，完成后如图15-44所示。

③填写标题栏、明细栏：将"细实线"层置为当前层，执行【多行文字】命令，填写标题栏和明细栏，完成后如图 15-45 所示。

图 15-43　将样式"零部件编号"置为当前

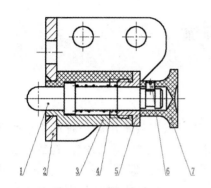

图 15-44 添加零部件编号

7	把手	1	ABS	
6	定位螺钉M5×5	1	Q235	GB/T 73-1985
5	盖	1	45	
4	弹簧	1	65Mn	
3	套筒	1	45	
2	支架	1	45	
1	定位轴	1	45	
序号	名称	数量	材料	备注
定位器装配图		班级		比例	1:1
		学号		图号	
制图			襄阳职业技术学院		
审核					

图 15-45 填写标题栏、明细栏

至此,螺栓连接装配图完成,如图 15-46 所示。

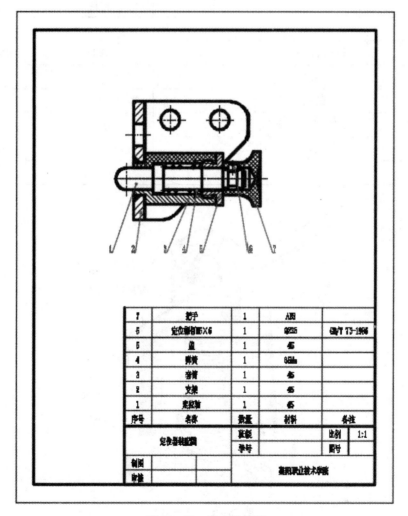

图 15-46 完成效果图

15.4 拓展训练

根据零件图画千斤顶装配图。

千斤顶工作原理：

千斤顶是利用螺旋传动来顶举重物，是汽车修理和机械安装常用的一种起重或顶压工具，但顶举的高度不能太大。工作时，绞杆穿在螺旋杆顶部的孔中，旋动绞杆，螺旋杆在螺套中靠螺纹作上、下移动，顶垫上的重物靠螺旋杆的上升而顶起。螺套镶在底座里，并用螺钉定位，磨损后便于更换修配。螺旋杆的球面形顶部，套一个顶垫，靠螺钉与螺旋杆连接而固定不动，防止顶垫随螺旋杆一起旋转而且不脱落。

序号	名称	数量	材料	附注
1	顶垫	1	Q275	
2	螺钉 M8×12	1	Q235	GB75−85
3	螺旋杆	1	Q255	
4	绞杆	1	Q215	
5	螺钉 M10×12	1	Q235	GB73−85
6	螺套	1	QA19−4	
7	底座	1	HT200	

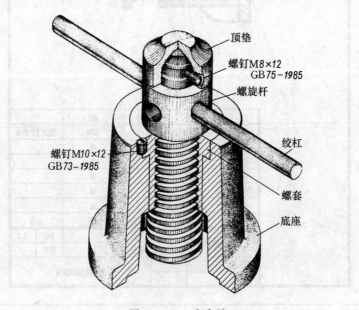

图 15−47 千斤顶

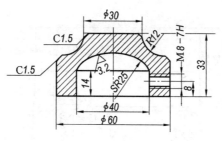

图 15-48 顶垫

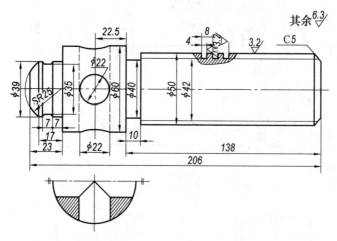

图 15-49 螺旋杆

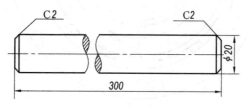

图 15-50 绞杆

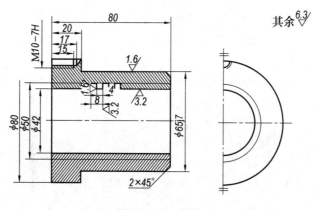

图 15-51 螺套

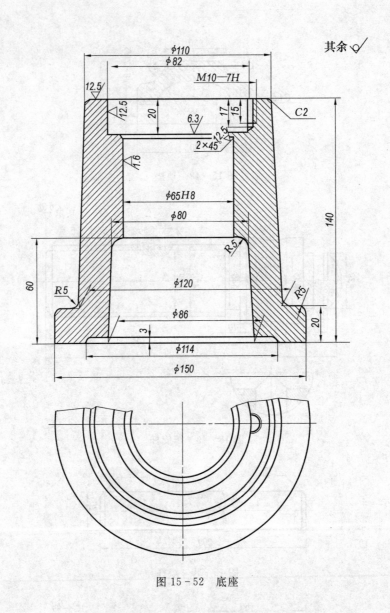

图 15-52 底座

项目八　三维实体的创建与编辑

任务 16　支座的三维图绘制

16.1　任务要求

绘制如图 16-1 所示支座三维图。要求:建模准确,图形正确并标注三维尺寸。

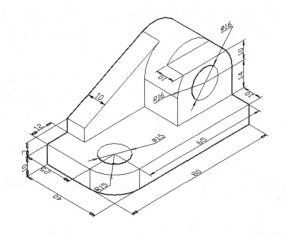

图 16-1　支座三维图

16.2　知识目标和能力目标

16.2.1　知识目标

1. 熟练掌握 AutoCAD 中基本体的创建方法;
2. 熟练掌握实体建模的常见工具的使用方法;
3. 熟练掌握 AutoCAD 实体模型的实用表达方法;
4. 熟练掌握 UCS 命令并能够灵活使用;
5. 建立三维实体建模的基本思想。

16.2.2 能力目标

1. 能选择适当的建模方法和命令完成一般零件的建模；
2. 能熟练使用 UCS 命令标注三维尺寸。

16.3 相关知识

16.3.1 三维图形分类

1. 三维实体

三维实体可以理解为一个内部有材料填实的三维物体。ISOLINES 系统变量控制用于显示线框弯曲部分的素线数目。FACETRES 系统变量可调整着色和消隐对象的平滑度。三维实体的绘制命令都用于画基本的实体图形，如长方体、圆柱体、圆锥体、球体、圆环体和楔体等。还可以通过拉伸二维对象或者绕轴旋转二维对象来创建三维实体。创建实体后，再通过"并集"、"交集"、"差集"或"剖切"来创建更复杂的组合实体图形。

2. 三维表面

三维表面图形可以理解为是一个表面有材料、无厚度、内部为空心的三维物体。三维表面的绘制命令用于创建长方形、球体、圆锥体、下半球面、上半球面、网格、棱锥面、圆环和楔体等。也可以通过二维对象，使用"旋转曲面"、"边界曲面"等命令绘制更加复杂的三维表面图形。

3. 三维线框

三维线框图形可以理解为一个有框架、表面无材料、内部为空心的三维物体。此种方式只作为辅助线来使用。

16.3.2 三维图形的观察方式

观察三维图形的方式有多种，前面讲到的"视图缩放"可以放大缩小图形，还可以采用静态、动态方式观察图形，以及观察图形的各种效果。

1. 静态方式观察图形

选择"可视化"菜单下的"视图"工具栏，或者从"视图"工具栏中的十个视图方向来观察图形，如 16.2"视图"工具。十个视图方向为：俯视、仰视、左视、右视、主视、后视、西南等轴测、东南等轴测、东北等轴测、西北等轴测。单击图标，当前观察方向就会改变。

图 16-2 "视图"工具

2. 动态方式观察图形

动态方式观察图形主要有：全导航控制盘、平移、范围缩放、动态观察、Show Motion，如图 16 - 3 "导航栏"工具。其中最常用的是动态观察，按住左键移动光标，图形会随着光标的移动而旋转，从 360 度方向观察图形。

3. 图形效果的观察

选择"可视化"菜单下的"视觉样式"工具栏中的"二维线框"下拉列表，可以看到如图 16 -4 视觉样式：

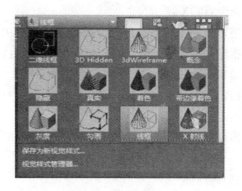

图 16 - 3 "导航栏"工具　　　　　　图 16 - 4 选择视觉模式

16.3.3 用户坐标系

在 AutoCAD 中，有两种坐标系：一种是称为世界坐标系（WCS）的固定坐标系；另一种是称为用户坐标系（UCS）的可移动坐标系。

1. 右手定则

判断三维坐标系中三个轴的方向，可以用右手定则：用大拇指指向 X 轴的正方向，食指指向 Y 轴的正方向，则中指所指的方向为 Z 轴的正方向。用右手定则判断三维空间中绕坐标轴旋转的正方向：将右手大拇指指向轴的正方向，卷曲其余四指，右手四指所指的方向即为轴的正旋转方向。

2. 世界坐标系

世界坐标系（WCS）为固定坐标系，X 轴为水平的，Y 轴与 X 轴垂直，Z 轴垂直于 XY 平面，原点是 XY 轴的交点。

3. 用户坐标系

选择"可视化"菜单下的"坐标"工具栏中的"▉"工具，如图 16 - 5 所示。

图 16 - 5 "坐标"工具栏

三维建模经常使用的是 UCS 🔲。

16.3.4 三维实体的绘制

1. 基本几何体的创建

(1)长方体

a. 菜单命令:【三维工具】→【建模】→ ▮长方体▮;

b. 键盘输入:BOX ✓;

命令:BOX ✓

指定第一个角点或【中心(C)】:在绘图区中任意指定一点

指定其他角点或【立方体(C)/长度(L)】:输入"L"✓

指定长度:100

指定宽度:80

指定高度:60

即可创建一个长、宽、高分别为 100、80、60 的长方体,如
图 16－6 所示

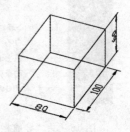

图 16－6　创建长方体

(2)圆柱体

a. 菜单命令:【三维工具】→【建模】→ ▮圆柱体▮;

b. 键盘输入:CYLINDER ✓;

命令:CYLINDER ✓

指定底面的中心点或 WEDGE 指定圆柱体底圆的中心点

指定底圆半径或【直径(D)】:50,即输入圆的半径

指定高度或【两点(2P)/轴端点(A)】:300

即可创建圆柱体。

利用"isolines"命令改变实体表面网格线的密度:

命令:isolines ✓

输入 isolines 的新值＜4＞:40

然后在菜单浏览器中选择【视图】→【重生成】,重新生成
模型,实体表面网格线变得更加紧密。如图 16－7 所示。

(3)楔体

a. 菜单命令:【三维工具】→【建模】→ ▮楔体▮;

b. 键盘输入:WEDGE ✓;

命令:－wedge ✓

WEDGE 指定第一个角点或

【中心(C)】:

WEDGE 指定其他角点或

【立方体(C)/长度(L)】:

WEDGE 指定长度＜800.00＞:100 ✓

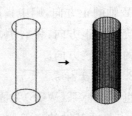

图 16－7

WEDGE 指定宽度<600.00>:50 ∠

WEDGE 指定高度<400.00>:60 ∠

如图 16－8 所示

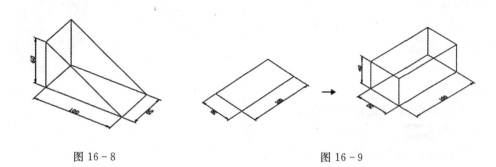

图 16－8   图 16－9

2.绘制复杂实体工具

(1)拉伸实体

a.菜单命令:【三维工具】→【建模】→ 🔳;

b.键盘输入:EXTRUDE ∠;

命令:REC ∠

RECTANG

指定第一个角点或【倒角(C)/标高(E)/圆角(F)/厚度(T)/宽度(W)】:在绘图区左键单击,选择第一个角点。

指定另一个角点或【面积(A)/尺寸(D)/旋转(R)】:d ∠

指定矩形的长度<10.00>:100 ∠

指定矩形的宽度<10.00>:50 ∠

命令:EXTRUDE ∠

选择要拉伸的对象或【模式(MO)】:选择矩形

指定拉伸的高度或【方向(D)/路径(P)/倾斜角(T)/表达式(E)】<60.00>:40 ∠,如图16－9 所示。

(2)旋转实体

a.菜单命令:【三维工具】→【建模】→ 🔳;

b.键盘输入:REVOLVE ∠;

命令:REVOLVE ∠

选择需要旋转的对象或【模式(MO)】:

选择圆,∠。

指定轴起点或根据以下选项之一定义轴

【对象(O)/X/Y/Z】<对象>:∠

选择对象:选择圆,∠。

指定旋转角度或【起点角度(ST)/

反转(R)/表达式(EX)

】＜360＞:↙。

绘制如图 16-10 所示图形。

3. 实体编辑工具

(1)并集

a. 菜单命令:【三维工具】→【实体编辑】→ 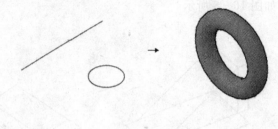【① 并集】;

b. 键盘输入:UNION↙;

(2)差集

a. 菜单命令:【三维工具】→【实体编辑】→【① 差集】;

图 16-10

b. 键盘输入:SUBTRACT↙;

差集与并集、交集不同,选择对象时有顺序,必须先选被减图形,再选要从中减去的所有图形。如:5-3=2,先选 5↙,再选 3↙,即得到差为 2.

(3)交集

a. 菜单命令:【三维工具】→【实体编辑】→【① 交集】;

b. 键盘输入:INTERSECT↙;

4. 新建视口

①创建视口

键盘输入:VPORTS↙→【新建视口】(如图 16-11 所示);

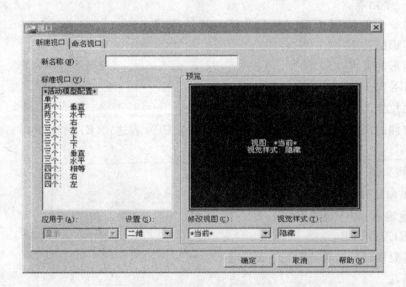

图 16-11

16.3.5 三维标注

三维标注需要根据不同的标注平面来新建用户坐标系,下图标注需要建立四个用户坐标系,并在不同的用户坐标系上标注尺寸。

(1)在桥拱主视图上建立用户坐标系,坐标原点为桥孔左下角点,X 正方向为水平向右,Y 轴正方向为垂直向上。标注尺寸如图 16－12 所示。

(2)在桥拱俯视图上建立用户坐标系,坐标原点为桥孔左上角点,X 正方向为水平向外,Y 轴正方向为水平向右。标注尺寸如图 16－13 所示。

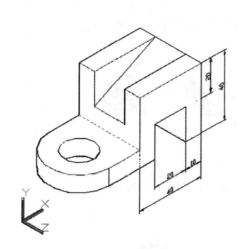

图 16－12　标注尺寸(一)

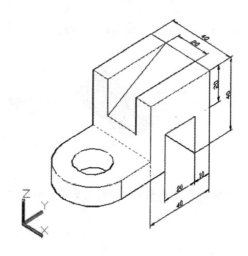

图 16－13　标注尺寸(二)

(3)在桥拱左视图上建立用户坐标系,坐标原点为耳孔左上角点,X 正方向为水平向外,Y 轴正方向为垂直向上。标注尺寸如图 16－14 所示。

(4)在耳孔俯视图上建立用户坐标系,坐标原点为耳孔圆心,X 正方向为水平向外,Y 轴正方向为水平向右。标注尺寸如图 16－15 所示。

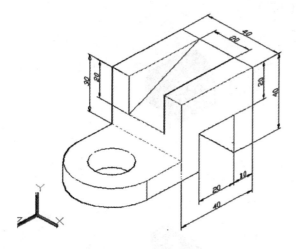

图 16－14　标注尺寸(三)

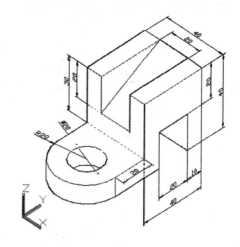

图 16－15　标注尺寸(四)

16.4　实施过程

16.4.1　分析三维图形

如图 16 - 1 所示三维图形可以拆成四个小"积木"（如图 16 - 16 所示）。

图 16 - 16

（1）从俯视图上看，下面的底板能一次拉伸成型（如图 16 - 17 所示）。

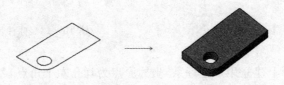

图 16 - 17

（2）从主视图上看，凸台可拆成三个"积木"：一个圆拱台，一个长方体和一个筋板。都能一次拉伸成型（如图 16 - 18,16 - 19,16 - 20 所示）。

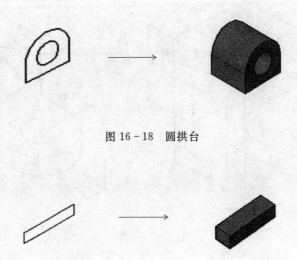

图 16 - 18　圆拱台

图 16 - 19　长方体

图 16 - 20　筋板

16.4.2　绘图工作准备

1. 启动 AutoCAD2016

双击电脑桌面上 AutoCAD2016 的快捷方式图标，或者执行"开始"→"所有程序"→"Autodesk"→"Autodesk2016－简体中文"→"Autodesk2016－简体中文"命令，启动 Auto-CAD2016 中文版。

2. 新建文件

单击【标题栏】中【文件】按钮，在下拉列表中选择"新建"，或者单击【标题栏】中【新建】按钮，新建一个文件，将其保存为"三维建模 . dwg"。

3. 设置绘图环境

按照二维绘图环境设置方法设置图形界限、设置图形单位、设置对象捕捉、设置图层、设置文字样式、设置标注样式等。

4. 切换工作空间

在状态栏把工作空间切换到三维建模。如图 16 - 21 所示。

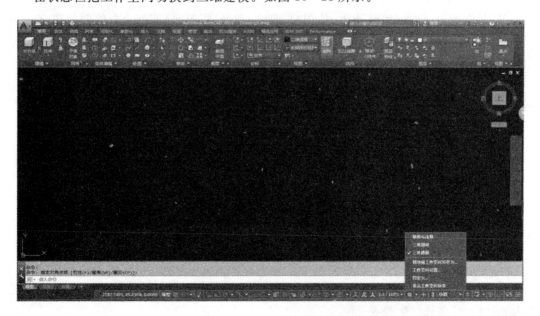

图 16 - 21　三维建模界面

16.4.3　图形绘制

1. 绘制底板

(1)在俯视图→西南等轴测上,使用矩形、圆、圆角等命令绘制如图 16－23 所示二维图形。

(2)面域二维图形对象。

REG ↙→选择全部对象↙。

(3)拉伸面域对象。

单击"🔲"按钮→选择面域对象↙→输入拉伸高度 10 ↙。

(4)【修改】→【实体编辑】→【差集】

→选择底板↙→选择圆柱体↙→概念视觉样式,绘制如图 16－23 所示三维图形。

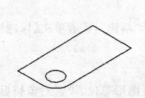　　　　

图 16－22　绘制底板俯视图　　　　图 16－23　底板三维图

2. 绘制凸台、长方体与筋板

(1)在主视图→西南等轴测上,使用圆、直线、圆弧、矩形、修剪等命令绘制如图 16－24 所示二维图形。

图 16－24　绘制凸台、长方体、筋板的二维图

(2)面域二维图形对象。

REG ↙→选择全部对象↙。

(3)拉伸面域对象。

单击"🔲"按钮→选择凸台面域对象↙→输入拉伸高度 40 ↙→概念视觉样式。

绘制如图 16－25 所示三维图形。

(4)单击"🔲"按钮→选择长方形面域对象↙→输入拉伸高度 10 ↙→概念视觉样式,绘制如图 16－26 所示三维图形。

(5)单击"🔲"按钮→选择筋板面域

对象↙→输入拉伸高度 10 ↙→概念视觉

样式．绘制如图 16 - 27 所示三维图形。

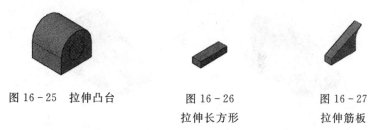

图 16 - 25　拉伸凸台　　　图 16 - 26　　　　图 16 - 27
　　　　　　　　　　　拉伸长方形　　　　拉伸筋板

16.4.3　三维图形编辑

1. 三维移动

(1)M ↙→选择移动对象筋板→选择筋板右下角的点→选择凸台左下方的点反向追踪 −10 ↙(如图 16 - 28 所示三维图形)。

图 16 - 28　移动筋板

→↙→选择移动对象长方体→选择长方体右下方棱边中点→选择凸台前面圆心向上追踪 10 ↙(如图 16 - 29 所示三维图形)。

图 16 - 29　移动长方体

→↙→选择移动底板→选择图 16 - 30 后下方棱边端点→选择底板后面上方端点(如图 16 - 30 所示三维图形)。

图 16 - 30　移动底板

2. 实体编辑

(1)差集

【修改】→【实体编辑】→【差集】 ◎ 差集 →选择凸台↙→选择长方体、圆柱体↙→概念视觉样式,绘制如图 16 - 31 所示三维图形✓。

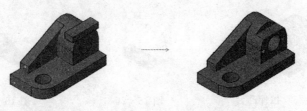

图 16 - 31　求差集

(2)并集

【修改】→【实体编辑】→【并集】 **⑩ 并集** →全部选择✓,如图 16 - 32 所示。

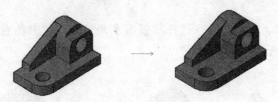

图 16 - 32　求并集

16.4.4　三维尺寸标注

根据不同的标注平面来新建用户坐标系,下图标注需要建立四个用户坐标系,并在不同的用户坐标系上标注尺寸。

(1)在底板图示位置上建立 UCS 用户坐标系,并标注尺寸,如图 16 - 33 所示。

(2)在底板图示位置上建立 UCS 用户坐标系,并标注尺寸,如图 16 - 34 所示。

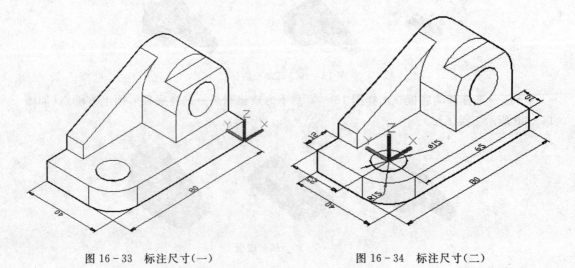

图 16 - 33　标注尺寸(一)　　　　　　图 16 - 34　标注尺寸(二)

(3)在底板图示位置上建立 UCS 用户坐标系,并标注尺寸,如图 16 - 35 所示。

(4)在筋板图示位置上建立 UCS 用户坐标系,并标注尺寸,如图 16 - 36 所示。

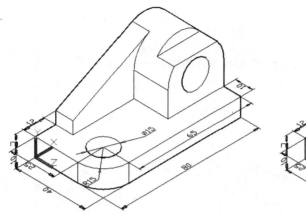

图 16-35 标注尺寸(三)　　　　　图 16-36 标注尺寸(四)

(5)在凸台图示位置上建立 UCS 用户坐标系,并标注尺寸,如图 16-37 所示。

(6)在底板底面图示位置上建立 UCS 用户坐标系,并标注尺寸,如图 16-38 所示。

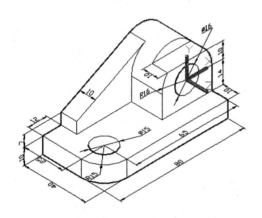

图 16-37 标注尺寸(五)

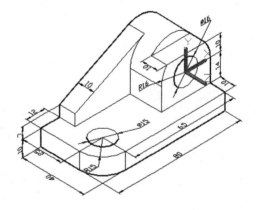

图 16-38 标注尺寸(六)

(7)在命令行输入 UCS ∠,再次 ∠,还原成世界坐标系。得到如图 16-39 所示图形,完成三维建模及三维标注任务。

16.5 上机实践

任务一

在已知长方体的六个面的中心绘制半径为 10 的圆。

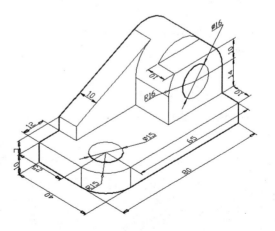

图 16-39 标注尺寸(七)

步骤：

① UCS↙。

② 打开并设置对象捕捉。

③ 选择长方体的顶面上一个端点→逆时针方向选择最近的端点→顺时针选择最近的端点。

④ 输入绘制圆命令 C↙→打开对象追踪→捕捉顶面中心点→输入半径为 10↙，如图 16－40 所示。

⑤ 其他五个面的圆绘制步骤同上，如图 16－41、16－42、16－43、16－44、16－45 所示。

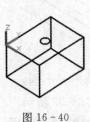

图 16－40

长方体顶面绘图

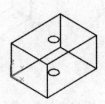

图 16－41

长方体底面绘图

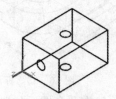

图 16－42

长方体左面绘图

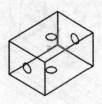

图 16－43

长方体右面绘图

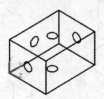

图 16－44

长方体后面绘图

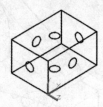

图 16－45

长方体前面绘图

任务二

在已知三维实体的斜面上进行填充。

步骤：

① ucs↙。

② 打开并设置对象捕捉。

③ 选择三维实体的斜面上一个端点→逆时针方向选择最近的端点→顺时针选择最近的端点。

④ 输入填充命令 H↙→选择填充类型→拾取内部点↙。

⑤ ucs↙↙（回到世界坐标系），如图 16－46 所示。

任务三

绘制如图 16－47 所示三维图形，五角星顶部高 2mm，外接圆半径为 10mm。

图 16 - 46　填充斜面　　　　　　　　　图 16 - 47　五角星三维图

① 切换到三维建模空间,根据任务要求设置好绘图环境。

② 绘制二维图形对象。

在俯视图→西南等轴测上,使用圆、正多边形、直线、修剪、删除等命令绘制如图 16 - 48 所示二维图形。

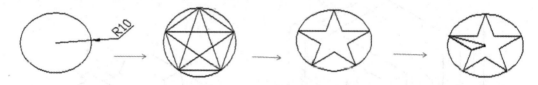

图 16 - 48　绘制五角星二维图

③ 面域绘制好的二维图形——三角形。

REG ✓→选择三角形对象✓。

④ 创建拉伸实体

单击"▣"按钮→选择面域对象✓→输入拉伸高度 2 ✓→三维消隐视觉样式,绘制如图 16 - 49 所示图形。

⑥ 剖切

【实体编辑】工具→单击" ▲ 剖切"按钮→选择剖切对象✓→✓→选择右上角的点→选择前面下部分两点→选择需要保留的一侧(点击后面部分),绘制如图 16 - 50 所示图形。

⑦ 三维镜像

【修改】工具→◢◣→选择镜像对象→✓选择镜像线上的第一点→选择对称轴上的一点→选择镜像线上的第二点→✓。视觉样式选择概念视觉样式,绘制如图 16 - 51 所示图形。

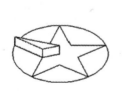
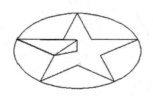

图 16 - 49　创建拉伸实体　　　　　图 16 - 50　剖切　　　　　图 16 - 51　三维镜像

⑧ 三维阵列

【修改】工具→⬚⬚⬚→选择阵列对象→✓→选择环形阵列中心→选择阵列项目 I ✓→5→选择阵列填充角 F ✓→360。绘制如图 16 - 52 所示三维图形。

⑧ 并集

【实体编辑】工具→【并集】 **⑩ 并集** →全部选择↙。

⑨ 着色

修改五角星图层颜色为红色,如图 16－47 所示。

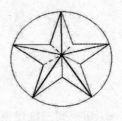

图 16－52　三维阵列

16.6　拓展训练

1. 自选三维命令,完成下列三维图形。

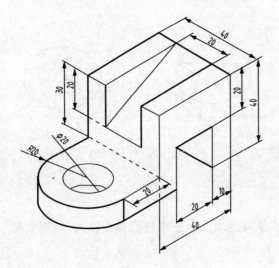

图 16－53　拓展训练 1

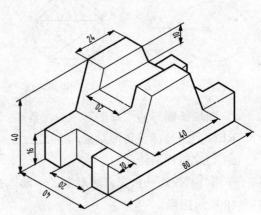

图 16－54　拓展训练 2

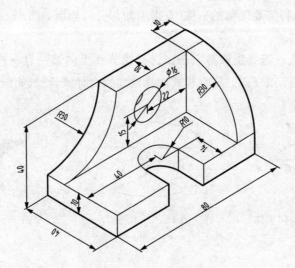

图 16－55　拓展训练 3

2. 根据三视图绘制三维图形。

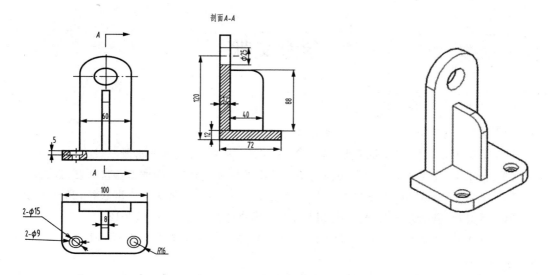

图 16-56 拓展训练 4

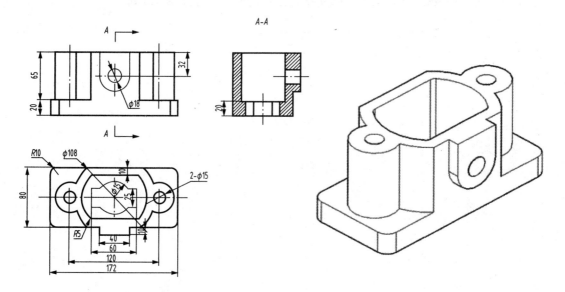

图 16-57 拓展训练 5

参考文献

[1] 朱强. 机械制图. 北京:人民邮电出版社,2009.

[2] 华强科技,刘兴德,司玉兰. AutoCAD2009. 北京:人民邮电出版社,2009.

[3] 杨玉萍,高龙士. 机械制图与 AutoCAD 习题集. 北京:机械工业出版社,2009.

[4] 庄竞. AutoCAD 机械制图职业技能项目实训. 北京:化学工业出版社,2011.

[5] 蔡慧玲,陆长永. 机械制图[M]. 武汉:华中师范大学出版社,2012.

[6] 张永茂,王继荣. AutoCAD2011 中文版机械设计实例教程第 2 版[M]. 北京:机械工业出版社,2011.

[7] 王艳. AutoCAD 工程制图基础教程(第 2 版). 武汉:华中科技大学出版社,2013.

[8] 陈峥. AutoCAD2014 中文版教程. 南京:东南大学出版社,2016.